杜拉克與稻盛和夫的巔峰對話

大師的較量

心法與效率相融合，
從經營之聖的人本哲學到管理大師的卓越績效

朱明曉 著

一部融合東西方管理思想的經典著作
企業管理者和職場人士掌握管理與經營的精髓

【管理學大師彼得・杜拉克的理論】
【日本經營哲學大師稻盛和夫的思想】

在當代數位經濟、全球化以及疫情等不確定因素下
企業如何進行創新與變革，提升效率與激發團隊熱情？

目　錄

序言

前言

第一章　經營管理大師們：有趣的靈魂與故事

第一節　古代經營人才謀略……………………………016

第二節　陽明心學的力量………………………………018

第三節　王陽明與日本的崛起…………………………023

第四節　管理大師中的大師 —— 杜拉克………………026

第五節　回歸人本 —— 稻盛哲學………………………031

本章小結…………………………………………………038

第二章　管理的實踐：答案永遠在現場

第一節　管理是「知行合一」的實踐…………………040

第二節　管理不僅在於「知」，更在於「行」………043

第三節　集中精力於少數主要領域……………………046

第四節　從實踐中提升認知，而非紙上談兵…………049

第五節　從經營實踐中總結哲學理念…………………052

目錄

第六節　解決問題的答案總是在現場 …………………… 054
本章小結 …………………………………………………… 059

第三章　組織的進化：組織結構變革與賦能

第一節　「組織」概念的提出、發展和進化 …………… 062
第二節　公司成長陪伴的大師 …………………………… 064
第三節　組織變革的引導者 ……………………………… 068
第四節　讓「賦能」來更新企業管理 …………………… 071
第五節　從金字塔到倒三角 —— 事業部制 …………… 074
第六節　從僱傭到夥伴 —— 阿米巴經營 ……………… 078
本章小結 …………………………………………………… 084

第四章　分權與授權：讓管理回歸簡單

第一節　分權的效率遠超過集權 ………………………… 086
第二節　決策權應該盡可能地下放 ……………………… 090
第三節　稻盛和夫如何有效分權 ………………………… 092
第四節　全員參與經營的力量 …………………………… 094
第五節　有效授權，持續提升經營效率 ………………… 097
第六節　授權的邊界 ……………………………………… 101
本章小結 …………………………………………………… 107

第五章　啟用關鍵人才：培養經營者的分身

　　第一節　企業器重的關鍵人才⋯⋯⋯⋯⋯⋯⋯⋯⋯⋯⋯⋯ 110
　　第二節　培養與開發未來所需要的人才⋯⋯⋯⋯⋯⋯⋯⋯ 115
　　第三節　杜拉克人才管理的六項原則⋯⋯⋯⋯⋯⋯⋯⋯⋯ 119
　　第四節　培養經營者的分身⋯⋯⋯⋯⋯⋯⋯⋯⋯⋯⋯⋯⋯ 122
　　第五節　人才為何要具有經營者意識⋯⋯⋯⋯⋯⋯⋯⋯⋯ 125
　　本章小結⋯⋯⋯⋯⋯⋯⋯⋯⋯⋯⋯⋯⋯⋯⋯⋯⋯⋯⋯⋯ 131

第六章　自律和精進：管理者核心能力的修練

　　第一節　企業經營需要大義⋯⋯⋯⋯⋯⋯⋯⋯⋯⋯⋯⋯⋯ 134
　　第二節　勇於挑戰新事物的領導者⋯⋯⋯⋯⋯⋯⋯⋯⋯⋯ 136
　　第三節　管理者的精進和實踐⋯⋯⋯⋯⋯⋯⋯⋯⋯⋯⋯⋯ 140
　　第四節　明確管理者的能力素養要求⋯⋯⋯⋯⋯⋯⋯⋯⋯ 144
　　第五節　經營管理者的責任感⋯⋯⋯⋯⋯⋯⋯⋯⋯⋯⋯⋯ 150
　　第六節　管理者如何提升「影響力」⋯⋯⋯⋯⋯⋯⋯⋯⋯ 153
　　本章小結⋯⋯⋯⋯⋯⋯⋯⋯⋯⋯⋯⋯⋯⋯⋯⋯⋯⋯⋯⋯ 159

第七章　目標管理：自我控制意味著更強的激勵

　　第一節　目標管理的特點和本質⋯⋯⋯⋯⋯⋯⋯⋯⋯⋯⋯ 162
　　第二節　企業為什麼要推行目標管理⋯⋯⋯⋯⋯⋯⋯⋯⋯ 165
　　第三節　企業如何實施目標管理⋯⋯⋯⋯⋯⋯⋯⋯⋯⋯⋯ 168

目錄

第四節　明確地描述並實現目標⋯⋯⋯⋯⋯⋯⋯⋯⋯⋯ 171
第五節　樹立遠大目標⋯⋯⋯⋯⋯⋯⋯⋯⋯⋯⋯⋯⋯⋯ 175
本章小結⋯⋯⋯⋯⋯⋯⋯⋯⋯⋯⋯⋯⋯⋯⋯⋯⋯⋯⋯ 180

第八章　用成效來管理：有效的決策

第一節　提升企業管理的成效⋯⋯⋯⋯⋯⋯⋯⋯⋯⋯⋯ 182
第二節　有效決策的關鍵要素⋯⋯⋯⋯⋯⋯⋯⋯⋯⋯⋯ 185
第三節　將行動納入決策當中⋯⋯⋯⋯⋯⋯⋯⋯⋯⋯⋯ 188
第四節　實現工作成果⋯⋯⋯⋯⋯⋯⋯⋯⋯⋯⋯⋯⋯⋯ 190
第五節　高效管理者擅長激勵人心⋯⋯⋯⋯⋯⋯⋯⋯⋯ 193
第六節　稻盛和夫的決策哲學⋯⋯⋯⋯⋯⋯⋯⋯⋯⋯⋯ 196
本章小結⋯⋯⋯⋯⋯⋯⋯⋯⋯⋯⋯⋯⋯⋯⋯⋯⋯⋯⋯ 201

第九章　是誰創造利潤：參透利潤的本質

第一節　經營的本質是創造顧客⋯⋯⋯⋯⋯⋯⋯⋯⋯⋯ 204
第二節　企業需要利潤計畫⋯⋯⋯⋯⋯⋯⋯⋯⋯⋯⋯⋯ 207
第三節　企業要光明正大地追求利潤⋯⋯⋯⋯⋯⋯⋯⋯ 210
第四節　外部市場與內部市場化⋯⋯⋯⋯⋯⋯⋯⋯⋯⋯ 214
第五節　賺錢與利潤分配⋯⋯⋯⋯⋯⋯⋯⋯⋯⋯⋯⋯⋯ 219
第六節　管理者的責任──利他，還是利己⋯⋯⋯⋯⋯ 224
本章小結⋯⋯⋯⋯⋯⋯⋯⋯⋯⋯⋯⋯⋯⋯⋯⋯⋯⋯⋯ 228

第十章　形成真正的創新力：創新的管理與價值

第一節　激發管理創新 …………………………………… 230
第二節　創新型組織的建構 ……………………………… 234
第三節　創新是企業家特有的工具 ……………………… 239
第四節　企業創新的來源 ………………………………… 241
第五節　形成真正的創新力 ……………………………… 244
本章小結 …………………………………………………… 250

第十一章　激勵人性：注入經營的真諦

第一節　公司治理與經營 ………………………………… 252
第二節　為公司注入經營的真諦 ………………………… 256
第三節　激勵人性理論 …………………………………… 261
第四節　從管理理念到管理實踐 ………………………… 266
本章小結 …………………………………………………… 274

第十二章　看不見的管埋：經營哲學推動企業發展

第一節　強而有力的組織依靠使命驅動 ………………… 276
第二節　形成強大的核心文化力 ………………………… 279
第三節　經營哲學與管理相結合 ………………………… 284
第四節　經營哲學是企業發展的推動力 ………………… 288
第五節　經營哲學實踐的要義 …………………………… 292
本章小結 …………………………………………………… 299

目錄

附錄 1　杜拉克的五項管理習慣

附錄 2　杜拉克：創新機遇的七個來源

附錄 3　稻盛和夫「經營十二條」

附錄 4　稻盛和夫「六項精進」

序言

　　是非審之於己，譭譽聽之於人，得失安之於數，陟嶽麓峰頭，朗月清風，太極悠然可會；

　　君親恩何以酬，民物命何以立，聖賢道何以傳，登赫曦臺上，衡雲湘水，斯文定有攸歸。

　　嶽麓書院的這副楹聯，振聾發聵，擊穿古今，一語道破人間際會、天地因緣。此等情懷也令我與本書結下不解之緣。

　　身為一位土生土長的企業家，我白手起家，建立了一間小本起家的小門市，二十年後成長為知名的當地企業並成功上市，擁有可觀的市占率。企業員工生活幸福、家庭美滿，企業所倡導的孝善文化對員工、對家庭、對社會所產生的深遠影響足以讓我引以為豪。

　　朋友興奮地推薦這本書，引起了我極大的興趣。近幾年，很多學者都在討論管理和經營的區別，非要論出個高低來。我本人也經常翻閱資料，感覺兩者在本質上沒什麼區別，不能說誰包含誰，誰高於誰。有人說，管理是假定人性是惡的，透過管理來減少甚至除去人的惡；經營是假定人性是善的，透過經營來激發人的善。所謂管理是逆人性，經營是順人心。真的是這樣嗎？

　　彼得・杜拉克（Peter Ferdinand Drucker）說：管理的本質就是激發和釋放人的善意！所以不必花精力研究管理和經營的區別。姑且認為管理和經營領域有兩座高峰存在——彼得・杜拉克代表管理學的高峰，稻盛和夫代表經營學的高峰。這兩座高峰既相對獨立，又彷彿在相互呼應致敬。

序言

身為企業創始人，又整日浸潤在企業的生死沉浮之中，我自然有自己的考量。所以當我看到楹聯提到的「是非」和「得失」，也就是日本工業之父澀澤榮一所倡導的一手《論語》一手「算盤」的理論，看到本書時，不禁擊案而起，總算是有人從理論的高度闡釋這兩手的融合產生的巨大能量！

遙看我的公司，起步之初沒有理論，在摸索中前行，經過無數次的痛苦洗禮方才尋求到產業立世之根、成就百年企業之道，就是發揚「厚德載物，自強不息」的精神，秉承「一生不為錢活，一生不為自己活」的價值理念，以「優秀文化育人，科學管理做事」為主旨，完美結合中西文化，建構「孝善幸福家」文化體系。我的企業的成功，不正是「左手杜拉克，右手稻盛和夫」，一手「算盤」管理績效、一手《論語》經營創新，一手抓做事、一手育人才，力行實踐、敬天愛人，諧合天道的真實寫照嗎？

所以，欣然接受邀約，不僅為本書寫下自己的感悟，還提供我的企業這些年來摸爬滾打的真實案例、經驗體悟，作為本書的理論印證，毫無保留地呈獻給大家。

世之佳作，當然必以實戰經驗為底，以深厚的理論研判為據，以代價教訓為誡，輔以精闢中肯的條例性質的絕句。本書作者朱明曉老師，既有學院派的書卷氣，又有實戰派的人間氣息，系統扎實的理論功夫，專業細緻的輔導，成功案例甚多，在業內口碑甚佳。既然是實戰諮詢，必有作者多年實戰經驗的沉澱。這本引起經濟學大咖關注並力推的理論工具書，無論是理論研判還是策略技巧，都在一定程度上能給予您些許啟發和靈感。

盧秀強

前言

在管理學界，離不開兩位大師，一個是杜拉克，另一個是稻盛和夫。

杜拉克提出了多個具有劃時代意義的概念，開創了管理學這一門學科，從而奠定了管理大師的地位。杜拉克是西方的管理學者，他的理論浸潤了西方職業化的精髓，在預測商業和經濟的變化趨勢方面顯示出驚人的天賦。當今世界，很難找到一個比杜拉克更能引領時代的思考者。

稻盛和夫，來自東方的經營哲學大師，其所創立的兩大事業——京瓷和KDDI皆以驚人的力道成長，至今仍傲視群雄。稻盛和夫建立的阿米巴經營模式在多國落地生根，展現出頑強的適應性和生命力。

稻盛和夫的經營哲學同樣帶來滿滿的正能量。在拜金主義肆虐的當代社會，很多創業者顯得有些浮躁，甚至對靈魂的淪喪日趨麻木。稻盛和夫的敬天愛人、慎言篤行，築起了一座精神山脈，對正在艱難攀登的企業家帶來激勵和鼓舞。

當下的時代是一個快速發展的時代，也是一個「個體崛起」的網路時代。組織變革、跨界創業，個體能力越來越強，新經濟的單位不是企業而是個體。無論你承認與否，個人的主觀能動性越來越重要了。

時代呼喚真正的大師。在工業時代，杜拉克講述擁有不同技能和知識的人在一個大型組織裡怎樣分工合作，提出管理者的工作必須卓有成效。甚至微軟公司創始人比爾蓋茲（Bill Gates）、奇異公司前執行長（CEO）傑克·威爾許（Jack Welch）這樣的商業傳奇人物在管理理念和管

前言

理實踐方面都受到了杜拉克的啟發和影響。

歷史一路走來，個體崛起、組織沉淪的時代特徵越來越明顯。過去講人力資源管理是固定的工作和編制、以嚴苛的績效考核來管理企業，現在更注重以人性為核心的人力資源管理，即人心的經營。從這個角度來講，稻盛和夫在網路時代恰逢其時。稻盛和夫始終強調的是經營人心，強調領導者要敬天愛人。他認為人生就是提升心智的過程。有了這樣的超脫和追求，他便擁有了俯瞰人生的視野。他研究透了人與人的關係，從而在經營上取得了巨大的成就，成為當代令人矚目和尊崇的「經營之聖」。

杜拉克對管理實踐過程中的「事」研究得非常透澈，這就是杜拉克的西方視角。稻盛和夫對企業的研究是從人心開始，他提倡首先提升心性，再拓展經營，建立企業的經營哲學，從哲學開始向企業滲透，向高階主管和員工滲透，只有達到哲學共有才能到具體的阿米巴經營模式。這個脈絡符合東方文化的特點，這就是稻盛和夫的東方視角。

杜拉克與稻盛和夫，當大師的觀點直接碰撞時，如何進行比較和接納？

如果為了成就更大的事業，為了建構幸福型企業，為了應對行動網路時代的新型員工關係，應當選擇研讀稻盛和夫及其經營哲學。如果你想成為卓有成效的管理者，希望在企業中做出不平凡的事，則必須師從杜拉克。杜拉克可以幫助你解決管理、企業組織、客戶的問題。杜拉克的管理理論更偏向於從管理者的角度去做管理，而稻盛和夫的經營哲學更偏向於從領導者的角色去做經營。這兩個理論體系並不矛盾，相反，這兩種思想是互補的，都能有效地填補知識庫存。

推開杜拉克思想之窗，再打開稻盛和夫哲學之門。杜拉克從顧客開

始,進而思考企業的管理行為。稻盛和夫從員工開始,進而思考經營的哲學。管理需要杜拉克,但經營則要學習稻盛和夫。杜拉克和稻盛和夫都影響了許多企業家,都對企業管理和經營做出了貢獻。在企業經理人的心目中,他們是大師中的大師。

前言

第一章
經營管理大師們：有趣的靈魂與故事

我不是經營的聖人，我是個普通人。我只是努力從中國的聖人、賢人那裡學習他們的思想，作為我人生中的行動指標，然後進行實踐。如果說我是「經營之聖」的話，那麼學習這些哲學思想的人，人人都可能成為「經營之聖」。

—— 稻盛和夫

第一章　經營管理大師們：有趣的靈魂與故事

第一節　古代經營人才謀略

　　古代謀略文化源遠流長，商業文化博大精深。古代先賢擅長從日常工作中體悟人生智慧，總結經世致用的道理，掌握天時、地利、人和的豐富內涵。遵從「知行合一」的人生哲學，既重視願景與理想，又注重當下文明的行為。

　　古代謀略思想備受重視，這些謀略思想形成了各個不同學派和理論體系，如帝王權謀、士人智謀、兵家韜略、商賈經營之道等。古代經營人才謀略即是一個重要的流派。

　　古代經營人才謀略，從哲學層面上揭示了企業管理、經營謀略的通常規律，具有很強的適用性和生命力。特別是《孫子兵法》中的謀略思想，例如企業利用陰陽對立統一的辯證哲學原理參與市場競爭，利用博弈中的「煉形、順勢和設局」進行有效的決策，以「不戰而屈人之兵」的思想達成以最小化成本而得到最大化收益的競爭策略目的等，這些謀略思想為企業領導人的經營決策提供了有益的啟示。現代企業經營者將其應用到企業進化與現代商戰中，尤其在用人謀略、經營謀略、談判謀略等方面獲益匪淺。

　　古代經營人才謀略比較發達，各階層都很重視謀略文化。歷史上著名的謀略家，如白圭、姜子牙、范蠡、孫武、東方朔、商鞅、諸葛亮、劉伯溫、曾國藩等人，不僅是軍事家，也是商業奇才。他們形成自成體系的商業經營思想，強調經營人才要有豐富的知識，同時具備「智、勇、仁」等素養，要求既要有姜子牙的謀略，又要有孫子用兵的計策，更要有商鞅那一套嚴屬的團隊管理制度。

第一節　古代經營人才謀略

　　古代經營思想方面也極具影響力。如白圭,《漢書》中說他是經營貿易發展生產的理論鼻祖,他說「人棄我取,人取我與」,強調經商總會從大處著眼,通觀全域性,予人實惠。春秋末期的商業理論家范蠡認為「時賤而買,雖貴已賤;時貴而賣,雖賤已貴」,強調商人要善於捕捉商機,掌握時機,不失時機地買進賣出。商業的利潤源於買賣的差價。司馬遷在《史記‧貨殖列傳》中說:「治生之正道也,而富者必用奇勝。」經商之人掌握一技之長,經營奇物而致富。這些經營思想和謀略,對今天的企業經營者仍然具有重要的指導意義,值得經營者用心地揣摩研究。

第一章　經營管理大師們：有趣的靈魂與故事

第二節　陽明心學的力量

　　心學作為儒學的一門學派，不同於其他儒學之處，在於其強調生命的過程，中國的聖人學問開始「哲學化」，如王守仁的「陽明心學」。陽明心學，是由明代大儒王守仁發展的儒家理學。陽明心學是一個博大精深的思想體系，400 年來影響深遠，有著強烈的現實意義。

　　陽明心學對企業經營管理有著極大的正向影響。日本稻盛和夫即是受陽明心學影響頗深的企業家。運用陽明心學的管理能夠實現真正的「自動自發」，強化企業的凝聚力和執行力，進而為有悟性的管理者開啟成功的大門。

　　陽明心學體系包括三大組成部分，即「心即理」、「知行合一」、「致良知」。這三大要旨對後世人們的思想、行為產生了巨大影響。

一、「心即理」之根本

　　「心即理」是陽明心學的根本觀點。何謂「心即理」？王陽明認為：「心之體，性也。性即理也。天下寧有心外之性，寧有性外之理乎？寧有理外之心乎？」這個「性」就是天性、天理，是天賦予人的善性。「心明便是天理」。「心」不僅是萬事萬物的最高主宰，而且是最普遍的倫理道德原則。王陽明的「心即理」打通了作為道德主體的人、形而上的天理以及形而下的萬事萬物之間的關係，將三者統合在本心之中。

　　管理的本質在於經營和管理人心。企業管理者如何經營人心，洞悉人性？如何把心學運用到企業管理當中？如何識人、用人？如何培養、

利用團隊？企業有三大核心：員工、客戶和產品，但回歸到管理的核心還是人。對人的管理，就是對人心的管理，對人心的管理莫過於陽明心學。

把陽明心學成功地運用到商業中，並成就一番偉業的就屬日本的「經營之聖」——稻盛和夫，他認為，經營首先是由人來經營的，因此經營者的人性至關重要。人心是企業發展的原動力，這個動力是充足的，那麼企業就會蓬勃發展。

稻盛哲學的中心思想就是「敬天愛人」。所謂「敬天」，就是按照事物的本性做事。這裡的「天」是指客觀規律，也就是事物的本性。堅持以將正確的事情用正確的方式貫徹到底為準則，按照這些本性要求去做事，則無往而不勝。所謂「愛人」，就是按照人的本性做人。這裡的「愛人」就是「利他」，「利他」是做人的基本出發點，利他者自利。只要為客戶創造了價值，企業就可以從中分享價值。敬天愛人包含有敬畏之心、感恩之心、利他之心！

稻盛和夫為企業提出的奮鬥目標是「在追求全體員工物質和精神兩方面幸福的同時，為人類和社會的進步與發展做出貢獻」。稻盛和夫創立公司的理想，不是單純追求經營者個人的利益，而是追求全體員工及其家屬的共同利益。這樣的目標自然可以贏得廣大員工的認同，並形成強大的企業凝聚力。稻盛和夫的這些管理理念正是王陽明「人心即天理」的思想在企業管理中的具體體現。

二、「知行合一」之認識論

王陽明言：「外心以求理，此知行所以二也。求理於吾心，此聖門『知行合一』之教。」

第一章　經營管理大師們：有趣的靈魂與故事

由此可見，「知行合一」是建立在「心即理」的基礎之上的。

從《傳習錄》來看，王陽明在論及知行關係時，反覆強調「知之真切篤實處即是行，行之明覺精察處即是知」。知與行互相連結、互相包含、本來一體；知行分離，也就背離了知行的原本意義、違背了知行本體。

王陽明認為，知行之所以能夠合一，在於人自身就有「心即理」之心。「心即理」即為立法原則，賦予了事物以道德秩序與準則，知行統合於人的本心。因此，王陽明說：「知是行之始，行是知之成。若會得時，只說一個知，已自有行在；只說一個行，已自有知在。」

王陽明從道德出發來討論「知行合一」。「行之明覺精察處，便是知；知之真切篤實處，便是行。若行而不能精察明覺，便是冥行，便是『學而不思則罔』，所以必須說個知；知而不能真切篤實，便是妄想，便是『思而不學則殆』，所以必須說個行，原來只是一個工夫。」王陽明強調，知中有行，行中有知，二者互為條件，互相包容，相與一體，彼此完整無間。

在企業經營管理實踐中，稻盛和夫從應用哲學的角度出發對陽明心學進行哲學解讀，例如「將強烈而積極的願望深入到潛意識中」、「人生和事業的成功等於正確的思考方式乘以熱情，再乘以能力」。他還不斷告誡他的每一位員工，在工作中要「付出不亞於任何人的努力」、「不斷創造出新價值」、「追求銷售額的最大化和經費支出的最小化」等。由此可見，稻盛和夫無論從個人行為層面還是組織行為層面，都從「心即理」、「致良知」的角度提出了實踐要求。這些要求也正是王陽明「知行合一」思想的生動展現。

三、「致良知」之修養論

　　王陽明言：「吾平生講學，只是『致良知』三字。」因此，「致良知」是王陽明一生思想的總結，實現了心與理、知與行、道德修養與社會實踐的融合。在兼具「心即理」和「知行合一」的基礎上，王陽明將良知視為天地之心、宇宙之心。正因為良知如此重要，所以王陽明認為：「『致良知』是學問大頭腦，是聖人教人第一義。」

　　一方面，王陽明把「良知」視為人心之本體。良知是主宰，是行為的準則，是真實的、感性的東西，是生命的意義所在。他認為人人皆可修練成聖賢，這其中不僅宣揚了理想主義的思想，而且蘊含著人人平等的思想觀念。

　　另一方面，人固有的「良知」常被人們的種種私慾所遮蔽。所以，要培養修為之功，克服私慾之弊，充分發揮本能的良知作用，並將良知貫徹到企業經營管理的實踐中。王陽明提出「致良知」的本質就是存善去惡，使心靈變得更加純淨，內心變得更加強大。

　　王陽明「致良知」的思想，既簡易直接又內涵豐富，將陽明心學的整體哲學思想完滿地表述出來，象徵著陽明心學體系的最終完成。

　　在企業經營與管理中，管理者尤其要注重修行良知。稻盛和夫認為，企業從表面上看，是一個追求利潤的經營實體，本質上卻是一個修行的道場。管理者和被管理者都要修行良知，人人修練到位，人人皆是聖賢。無論是企業高階主管還是基層員工，都要透過「致良知」來不斷提升自身的修養與品行。

第一章　經營管理大師們：有趣的靈魂與故事

　　心性的修練和境界的提升，是企業核心層提升管理能力的必修課。企業經營者潛力的開發，實際上也是心性潛力的深掘和超越精神的比拚。要實現企業的遠大理想目標，經營者就要做到「心即理，知行合一，致良知」，進行強大自我內心的修練。

第三節　王陽明與日本的崛起

梁啟超說：「陽明是一位豪傑之士，他的學術像打藥針一樣，令人興奮，之所以能做五百年道學總結，吐很大光芒。」王陽明形成的陽明心學，奠定了他身為世界一流原創性思想家的地位。陽明心學在明代中後期的中國大放光彩，其影響遠達日本等國。

一、王陽明如何影響日本五百年

陽明心學早在王陽明在世時就傳到日本，並在政治、教育、道德等方面起著潛移默化的作用。

16至17世紀，日本高僧了庵桂悟到浙江拜訪王陽明，並將心學著作帶回日本，日本始知有陽明心學。其後的學者中江藤樹繼續研究和傳播陽明心學，被稱為日本陽明心學的「元祖」。

陽明心學深刻影響了「明治維新」，正如梁啟超所言的「日本維新之治，心學之為用也」。19世紀末20世紀初，日本「明治維新」的很多重要人物都研究過陽明心學，他們注重陽明心學中強調人的精神力量和意志、「知行合一」的說法，要求以實際行動變革社會。他們一方面學習西方先進知識，另一方面將陽明心學作為思想動力，進行「明治維新」運動。他們推翻了五百年的日本封建幕府統治，完成了向資本主義的過渡！

第一章　經營管理大師們：有趣的靈魂與故事

二、王陽明如何影響日本企業的崛起

陽明心學在近代的日本風靡，造就了很多企業經營的神話。第二次世界大戰後，戰敗的日本只用了 30 年便再次經濟崛起，誕生很多世界知名企業。究其原因，就是日本無所不在的匠人精神。而匠人精神之核心，就是陽明心學。

日本最崇拜王陽明的人，是被稱為「經營之聖」的稻盛和夫。

稻盛和夫 27 歲創辦京瓷，52 歲創辦日本第二電電（KDDI），這兩家公司都在他的有生之年進入世界 500 大，成長速度驚人。稻盛和夫在 78 歲高齡仍然果斷出任日本航空公司董事長，僅僅用了一年時間，就使這家瀕臨倒閉的企業起死回生，做到了三個第一：利潤率世界第一，準時率世界第一，服務水準世界第一。稻盛和夫拯救日本航空公司的辦法，就是王陽明的心學之法。

王陽明和稻盛和夫在哲學上的共同點：一個叫「致良知」，一個叫「作為人，何謂正確」。在稻盛和夫的經營哲學中，到處是王陽明「致良知」的影子。稻盛和夫說，要判斷某件事是不是有道理，不能只看其是不是符合邏輯，還應當看它是不是符合人類的道德標準，要思考其與人類價值的相關程度。

稻盛和夫提倡的價值觀就是「敬天愛人」，他還不斷告誡他的每一位員工，在工作中要「付出不亞於任何人的努力」，鼓勵員工在工作實踐中透過「致良知」來不斷提升自身的修養與品行。在公司內部，賺錢最多的員工一定是品行優秀、表裡如一、勇於擔當的員工。

出於對良知的領悟，稻盛和夫曾提出這樣一個經營哲學觀點：「作為人，何謂正確？」他認為京瓷之所以成功，是因為京瓷經營判斷的基

準是「作為人，何謂正確」。因為它具有普遍性，所以可以與全體員工共有。

　　稻盛和夫的高明之處就在於，對待中國傳統文化所蘊含的哲學思想、道德標準及精神追求，從來不是照本宣科，而是在學原典、明精髓的基礎上，善於做到創造性轉化，提煉出自己的管理理念，用於指導企業的創新發展。

　　由此可見，日本人採用了王陽明「知行合一」這個原則，融合了東、西方文化，開創了一個新的時代。日本企業家融合陽明心學，使戰敗的日本能夠迅速從廢墟中崛起，成為一個經濟發達的國家。

第一章　經營管理大師們：有趣的靈魂與故事

第四節　管理大師中的大師 —— 杜拉克

彼得・杜拉克的著作影響了數代追求創新以及最佳管理實踐的學者和企業家。他本人被尊稱為「管理大師中的大師」，不僅因為他是現代管理學的奠基者、目標管理的建立者，還因為他在行銷、創新變革、策略規劃、知識管理、21世紀管理者的挑戰等方面的真知灼見，也讓諸多管理學者和企業家從中受益。他的著作不乏遠見卓識和前瞻思維，集豐富的知識、廣泛的實踐經驗、深邃的洞察力、精闢的分析於一體，對管理學專業影響深遠。

杜拉克在談到自己的職業時說：「寫作是我的職業，諮商是我的實驗室。」他的研究涵蓋了管理學、政治學和社會學的諸多領域，這使得他的作品具有廣闊的視野和持久的穿透力。杜拉克的管理理念概要如表1-1所示。

表1-1 杜拉克管理理念概要

一個定義	管理室界定企業的使命，並激勵和組織人力資源去實現這個使命
三個任務	實現組織的特定目標和使命
	使工作富有成效，員工具有成就感
	處理對社會的影響與承擔社會責任

五項工作	設定目標
	組織
	激勵與溝通
	評估
	培養人才
八大目標	行銷
	創新
	人力資源
	財務資源
	實體資源
	生產力
	社會責任
	利潤

一、杜拉克獨一無二的貢獻

杜拉克出版超過 30 本書籍,被翻譯成 30 多種文字,傳播到 130 多個國家。他的諸多著作成為現代管理學上永恆的經典。

「組織」概念。1942 年,杜拉克受聘為通用汽車的顧問,對企業的內部管理結構進行研究。他將心得寫成《企業的概念》(*Concept of the Corporation*),該書的重要貢獻還在於,杜拉克首次提出「組織」的概念,並且奠定了組織學的基礎。

第一章　經營管理大師們：有趣的靈魂與故事

目標管理。1954 年，出版《管理實踐》(The Practice of Management)，提出了一個具有劃時代意義的概念——目標管理。從此開創了管理學，並奠定管理大師的地位。

管理者的工作必須卓有成效。1966 年，出版《卓有成效的管理者》，告知讀者：不是隻有管理別人的人才稱得上是管理者，在知識社會中，知識工作者即為管理者，管理者的工作必須卓有成效。

是管理學而非經濟學。1973 年，出版《管理：使命、責任、實務》(Management: Tasks, Responsibilities, Practices)，這是一本給企業經營者的系統化管理手冊，為學習管理學的學生提供的系統化教科書，告訴管理者付諸實踐的是管理學而不是經濟學，不是計量方法，也不是行為科學。該書被譽為「管理學」的「聖經」。

管理者角色任務的變化。1982 年，出版《變動中的管理界》(The Changing World of the Executive)，探討了有關管理者的一系列問題，包括管理者角色任務的變化、他們的任務和使命、面臨的問題和機遇，以及他們的發展趨勢。

創新的經濟。1985 年，出版《創新與創業精神》(Innovation and Entrepreneurship)，該著作被譽為繼《管理實踐》後杜拉克最重要的著作之一，全書強調目前的經濟已由「管理的經濟」轉變為「創新的經濟」。

重新定義「新經濟」的挑戰。1999 年，出版《21 世紀的管理挑戰》(Management Challenge for 21st Century)，杜拉克將「新經濟」的挑戰清楚地定義為：提升知識工作的生產力。

二、引領時代的思考者

杜拉克是一位引領時代的思考者。他身為當代最具啟發性的思想家，具有敏銳的洞察力，能夠洞悉不同力量之間的內在連結。例如，1950年年初，他指出電腦終將徹底改變商業；1961年，他提醒美國應關注日本工業的崛起；20年後，又是他首先警告日本可能陷入經濟停滯性通貨膨脹；1990年，率先闡釋了「知識經濟」。

杜拉克在預測商業和經濟的變化趨勢方面顯示出了驚人的天賦。他以強大的敏感覺察能力，分析時代變遷向社會提出的新要求，並向社會、向企業界闡述他的觀點，向一線的企業經營者發出預警，提醒他們由於外部環境的變化，企業在競爭中可能遭遇的各種危機。其成就即包括《不連續的時代》(The Age of Discontinuity)、《經濟人的末日》(The End of Economic Man)、《工業人的未來》(The Future of Industrial Man)、《非營利組織的管理：原理與實踐》(Managing the Nonprofit Organization: Principles and Practices)、《後資本主義社會》(Post-Capitalist Society)等。這些著作為他贏得了「資本主義的預言家」的稱號。

三、以人為本的管理學大師

杜拉克的「以人為本」管理哲學的核心就是現代社會中人的自由、尊嚴和地位。他非常注重人在管理過程中的作用，重視人自身價值的實現，因而「以人為本」這條主線始終貫穿於杜拉克的管理理念當中。

杜拉克「以人為本」的管理哲學源於兩個方面。一方面是對美好社會的追求。杜拉克畢生的追求，是建構一個美好社會，使每個人都能得到尊嚴和地位的社會。正因為他有這樣的境界、視野和追求，所以他的管

第一章　經營管理大師們：有趣的靈魂與故事

理理論有著持久而強烈的穿透力，影響了世界上很多傑出企業家。這些企業家得以創造出健康的社會細胞——美好組織。例如，惠普公司的兩位創始人——威廉・惠利特（William Hewlett）和大衛・普克德（David Packard）就深受杜拉克的影響，他們在管理中為員工提供了盡可能周全的福利計劃，並給予員工充分的信任與尊重，這種管理之道是惠普成功的祕訣之一。

另一方面，杜拉克的管理哲學體現為對人的尊嚴和發展的關注。杜拉克認為，在一個多元的組織中，使各種組織機構負責任地、獨立自主地、高績效地運作，是自由和尊嚴的唯一保障。杜拉克的真知灼見對我們「成就美好企業」，讓員工「因組織得自由」有著深刻的提醒和指引。

第五節　回歸人本 —— 稻盛哲學

稻盛和夫的哲學理念涵蓋了生活態度、思想、倫理觀念等。他結合自己的切身經歷所獲得的工作經驗，與讀者探討工作的真正意義以及如何在工作中取得成果，為身在職場的年輕人點亮了指路明燈，同時，這些思想對企業管理者也具有借鑑意義。

稻盛和夫這位當今最具影響力的管理大師，在其充滿想像力與使命感的一生中，開創了一套獨特的經營哲學體系。更有趣的是，稻盛和夫的獨特思想與中國傳統哲學有著內在連結，與陽明心學尤為接近。

王陽明的心學深刻影響了稻盛和夫。王陽明和稻盛和夫的出生相隔500年，但兩位大師之間有著驚人的相似，他們都是歷經重重磨難之後，悟出人生哲理，取得了巨大的成就。他們都在用最樸實的語言講述著最通俗的故事：一個叫心學，一個叫心法。陽明心學與稻盛哲學，二者有著異曲同工之妙。稻盛和夫的經營哲學架構如圖1-1所示。

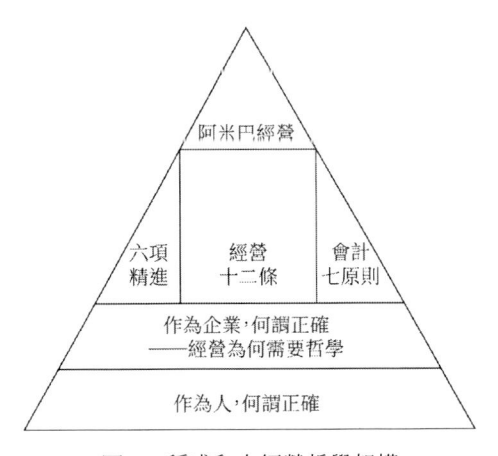

圖1-1 稻盛和夫經營哲學架構

第一章　經營管理大師們：有趣的靈魂與故事

一、稻盛哲學的思維邏輯

經商的本質在於與人打交道，經營之本唯有人心。稻盛和夫的經營哲學主要從正面回答了「作為人，何謂正確？」、「人為什麼而活著？」的根本性問題。稻盛哲學體現了稻盛和夫對人生乃至對人類歷史和人類社會本質的深刻洞察。

稻盛哲學是如何誕生的？稻盛和夫在經營京瓷的過程中，雖然曾遇到過各式各樣的困難，但他將陽明心學運用到企業管理實踐中，最終度過了經營難關。他在不斷地對工作以及人生進行自問自答的過程中，形成了自己的經營哲學。

稻盛哲學是透過研讀陽明心學等經典著作以及經營實踐得出的人生哲學，其根本在於「人應該怎麼活著」。稻盛和夫認為，如果以正確的生活方式去度過人生，那麼，每個人的人生都會變得幸福，公司也會得到發展，他一直這樣解釋和闡述京瓷哲學。

二、稻盛哲學到底有什麼魅力

稻盛哲學的核心理念──敬天愛人。「敬天」就是按照天理良知做事。判斷事情的出發點不是利害得失，而是是非善惡。「愛人」是指企業存在的目的：在追求全體員工物質和精神兩方面幸福的同時，為人類和社會的進步與發展做出貢獻。稻盛和夫的經營哲學回歸人本，且廣泛適用。

稻盛哲學的核心可用下述方程式表達：

人生・工作的結果 = 思維方式 × 努力 × 能力

第五節　回歸人本─稻盛哲學

方程式中的「思維方式」是指人的價值觀或者人的思想品格。因為它有正負之分，所以它決定了方程式中其他兩個要素，即「能力」和「努力」發揮作用的方向，決定了方程式的結果，所以它是方程式的靈魂。

人生・工作的結果方程式又叫成功方程式。它不僅適用於每個人，而且適用於每個組織乃至每個國家。

稻盛和夫論述了作為人應該有的正確的「思維方式」。這是稻盛和夫一生親身實踐的心血的結晶。

企業家需要稻盛哲學。我們既要學習杜拉克的西方管理模式，又要學習發端於東方文化的「性善說」、「致良知」等。稻盛哲學中的「利他」等法則，是在物欲橫流的商業社會，構築新商業文明的基本原則。

案例：京瓷哲學實踐指南

稻盛和夫的經營哲學，也稱京瓷哲學，是稻盛和夫在建立京都陶瓷株式會社的過程中，對工作、對人生進行不斷的自問自答中總結出來的京瓷哲學。

京瓷是以追求全體員工物質與精神兩方面的幸福，為人類社會的進步與發展做出貢獻為其經營目的。以心為本的經營孕育出的京瓷哲學和阿米巴經營的實踐，使京瓷得以飛速發展，並跨入世界500大企業的行列。那麼，我們如何理解京瓷哲學，並付諸實踐呢？

1. 以心為本開始經營

稻盛和夫初創京瓷時，京瓷是一個既沒有資金，也沒有信譽和業績的小工廠。要想在激烈的競爭中生存，每個人都要付出不亞於任何人的努力。經營者不負眾望，拚命工作；員工們相互信任，不圖私利私慾。

第一章　經營管理大師們：有趣的靈魂與故事

稻盛和夫希望讓京瓷得以蓬勃發展，讓員工們以在京瓷工作為榮，這就是京瓷的經營之道。以這些堅實而又緊密相連的心性為基礎，才有了京瓷今天的發展。

2. 光明正大地追求利潤

京瓷自始至終堅持光明正大地開創事業，追求正當利潤，多為社會做貢獻的經營之道。企業是一個以追求利潤為目的的社會組織。如果沒有利潤可得，就無法期望一個企業組織能繼續存在和日益擴展。

3. 依照原理，遵循原則

公司的經營之道需要合乎情理，遵循道德。京瓷自建立以來，所有的事業一直都是在遵循原理原則的前提下做出相應決斷。依法合規經營是任何企業必須恪守的行為底線，如果不把法律遵從視為原則和紅線，企業的行為就沒有底線，輕則被處罰停業，重則企業傾覆、企業負責人鋃鐺入獄。

4. 貫徹顧客至上主義

稻盛和夫自創業之初，就要求京瓷能夠獨立自主地創造出客戶所期望的產品。不斷研發創新的高級技術，在產品的交貨期、品質、價格、新產品的開發等所有環節，全方位地滿足客戶的需求。

滿足客戶的要求是經營之本，這就要求企業要具有強烈的客戶意識，強調要成就客戶：為客戶服務是企業存在的唯一理由，客戶需求是企業發展的原動力；堅持以客戶為中心，快速回應客戶需求，持續為客戶創造長期價值進而成就客戶。

5. 以大家族主義開展經營

京瓷員工攜手並進的基本出發點,就是一直珍視那種把別人的快樂視為自己的快樂,能夠同甘共苦、有如家族式的信賴關係。

稻盛和夫倡導這種家族式關係的經營方式,使員工能夠互存感激之心,相互體諒,從而建立起彼此信賴的夥伴關係,成為開創事業的基礎。

6. 貫徹實施實力主義

在京瓷,員工的升遷或者加薪,不以資歷輩分為優先考量,而是以其所擁有的真正實力為評估標準。各部門負責人,都由真正有實力的人來擔任,並讓他們充分施展才華。

貫徹執行實力主義,必須培養和挖掘公司中真正有實力的人。他們不僅擁有恪盡職守的能力,同時人格高尚,值得尊敬與信賴,願意為大家的利益發揮自己的才能。

7. 重視夥伴關係

京瓷自創立以來,一直致力於建立心心相印、相互信賴的夥伴關係,並以此作為事業的基礎。

傳統的企業組織關係,就是那種以權力和權威所構成的上下級關係,即金字塔結構。但京瓷最基本的同事關係就是橫向的夥伴關係,即同事之間、經營者與員工之間並不是縱向的從屬關係,而是為了同一個目標,為了實現自己的夢想而共同前行的夥伴關係。

同事之間作為合作夥伴而結成了相互理解、相互信賴的關係,就能夠為公司的發展而齊心協力,共同奮鬥。

8. 全體員工共同參與經營

阿米巴經營被譽為京瓷經營成功的兩大支柱之一。阿米巴經營是指將企業分為多個小型組織單位，透過與市場直接連結的盈利核算方式進行營運，培養具有管理意識的主管，讓全體員工參與經營管理，從而實現「全員參與」的經營方式。這是京瓷自主創造的獨特的經營管理模式。全員參與的精神，能夠培養開放式的人際關係、夥伴意識、家族意識等。

9. 重視獨創性

京瓷自創業之時，就重視獨創性，從不模仿別人。稻盛和夫帶領團隊每天反覆鑽研，一步一步地累積，終於研發出了優秀的產品。

企業重視獨創性，就要洞察和掌握產業趨勢，制定正確的發展策略。方向的正確，不僅確保了產品研發沒有走彎路，並且保證產品走在產業的前端，指引產業的發展方向。

10. 玻璃般透明的經營

京瓷以信賴關係為基礎進行經營，包括會計在內的所有工作細項全部公開，形成了無懈可擊的系統。自己的阿米巴組織的利潤是多少，具體內容如何，任何人都可以輕易了解。公司內部如同玻璃般的透明開放，使員工能夠全力以赴、專心致志地投入到工作中。

11. 志存高遠

稻盛和夫創立京瓷之初，就提出「京瓷放眼全球，向著世界的京瓷前進」。公司雖小，卻把目光投向全世界，這就是志存高遠。

第五節　回歸人本—稻盛哲學

企業確立了長期願望及未來狀況,組織發展的藍圖,體現組織永恆的追求。遠大的願景目標,能夠不斷地激勵企業奮勇向前。

第一章　經營管理大師們：有趣的靈魂與故事

本章小結

◎杜拉克與稻盛和夫的相同點：

　　兩人都遵循「以人為本」的理念，追求美好的人類社會。杜拉克「以人為本」管理哲學的核心，就是現代社會中人的自由、尊嚴和地位。稻盛和夫的經營哲學主要從正面回答了「作為人，何謂正確？」、「人為什麼而活著？」的根本問題，體現了稻盛和夫對人生乃至對人類歷史和人類社會本質的深刻洞察。

◎杜拉克與稻盛和夫的不同點：

　　1. 不同的身分定位。杜拉克是一位學者，注重理論與實踐研究，他調查過很多知名企業，並將研究成果編撰為管理著作，推動了管理科學的發展。稻盛和夫是一位企業家，在創業的過程中總結出了稻盛哲學和阿米巴經營模式等，把企業使命與社會責任相結合，為企業發展營造良好環境。

　　2. 不同的文化基礎。杜拉克的管理科學是以西方文化為基礎的。比如尊重個人，推崇自主創新，在企業管理上講究務實，具有強烈的求實精神。稻盛和夫的哲學是以東方文化為底蘊。他提出了「敬天愛人」的思想核心，強調人生就是不斷地修練靈魂，要不斷地反省。稻盛哲學是直指人心的，他的哲學來源於東方的儒、釋、道。

第二章
管理的實踐：答案永遠在現場

管理既要眼睛向外，關心它的使命及組織成果；又要眼睛朝內，注視那些能使個人取得成就的結構、價值觀及人際關係。

—— 彼得・杜拉克

第二章　管理的實踐：答案永遠在現場

第一節　管理是「知行合一」的實踐

彼得・杜拉克所著的《管理實踐》一書開啟了管理學發展史上的新時代。杜拉克詳細論述了管理本質——最終檢驗管理的是企業績效。唯一能證明這一點的是成就，而不是知識。因此，管理本質上是一種實踐。

一、管理成果來自實踐

杜拉克認為，管理作為一種實踐，要面對的是一個社會、一個人性的世界；管理要應對的是一個「社會群眾心理」的組織過程。管理強調的是有效性，需要實踐的檢驗，而不是自我檢驗。企業只關注實際的成果，關心「結果」勝於「理論」，在乎「實效」勝於「真理」。企業的成就或經濟成果，是靠人與人之間的默契創造出來的。

「知行合一」，追求的是一種平衡。「知」是指內心的覺知，對事物的認知；「行」是指人的實際行為。杜拉克強調實踐和行動。卓越的企業家都是在市場中打滾後崛起的，從實踐中獲取各種經驗。他們拋棄對空洞理論的追逐，潛心於管理實踐，創造價值，獲得持續盈利。失敗的次數越多，成為卓越企業家的機率越大。

管理成果來自實踐，管理實踐的最終目的是達成企業發展目標，達成團隊和企業的宏大理想。這就要求企業管理者在經營實踐中要重視目標和績效，要做正確的事和重要的事，努力尋找改進技術和管理方法的途徑，不僅指導和鞭策別人工作，還要提出一套新的管理哲學和方法。在激烈的市場競爭條件下，在管理實踐中懂得應用高科技成果，才能立於不敗之地。

二、管理實踐的五個模組

概括起來,管理實踐展現在五個模組,構築了現代企業管理的基礎。

(1)目標管理。

主要根據人們的需求設定目標,使組織目標和個人需求盡可能地結合,以激引擎,引導人們的行為,完成整體的組織目標,達成組織效益。目標管理也強調「自我控制」。員工並不是一臺永不停止的機器,目標管理的主旨在於「用自我控制」的管理代替以往的「壓制性的管理」。同時,管理者適度地放權,激發員工的活力和潛力。

(2)管理秩序。

這是規則,是行為規範,是企業高效執行的保障。杜拉克認為:「在一個由多元組織構成的組織當中,使我們的各種組織機構負責任地、獨立自主地、高績效地運作,是自由和尊嚴的唯一保障。」公司維護什麼樣的秩序,才能讓每個人有尊嚴?公司必須要對人的尊嚴和發展保持關切。

(3)溝通管理。

這是企業組織的命脈。管理的過程,也就是溝通的過程。溝通管理是創造與提升企業精神和企業文化,完成企業管理根本目標的主要方式和工具。杜拉克說:「管理是透過溝通履行責任的一種實踐。」管理者透過溝通,全面了解客戶的需求,有效整合各種資源,使企業能夠創造出好的產品和服務來滿足客戶,從而為企業和社會創造價值和財富。

(4)知識管理。

彼得‧杜拉克說:「未來的組織將是以資訊或知識為基礎的,提升知識工作者的生產率則是提升企業組織競爭力的關鍵課題。」知識管理是核心競爭力的關鍵,也是企業競爭優勢的來源。隨著社會經濟的不斷發

第二章　管理的實踐：答案永遠在現場

展，新材料、新技術及新工藝的不斷發展和更新，企業之間的競爭越來越激烈。面對這樣的新形勢，企業要想鞏固原有的市場且獲得可持續發展，就一定要有屬於自己的核心競爭力。企業員工的優良素養及企業組織間的有效配合就是企業核心競爭力的一個重要展現方式，而知識管理便是提升人才素養的一種非常有效的方法。企業應該在以培養個體知識為核心的基礎上，加速組織和個人之間的知識運轉，促進組織知識和個人知識的相互融合。充分利用科學知識，能夠使組織的效益持續成長。

（5）領導力。

這是保持組織成長和可持續發展的重要驅動力，體現在價值取向、趨勢掌握、組織營運和人才發展方面。杜拉克深知，領導力對人類的一切實踐活動都有重大影響。他說：「領導力就是把一個人的視野提升到更高的境界，把一個人的成就提升到更高的標準，錘鍊其人格，使之超越一般的限制。然後才能把一個人的潛力、持續的創新動力開發出來，讓他做出他自己以前想都不敢想的那種成就。」管理者具備領導力，能夠幫助企業建立願景目標，激發他人的自信心和熱情，確保策略成功實施。

五大類管理實踐相互交融，共同構成了現代企業的管理基礎，我們也可以清晰地窺見杜拉克的思想脈絡和基本邏輯。

杜拉克強調，管理就應該重視實踐、重視行動、重視績效，管理者應該做到「知行合一」。杜拉克在自傳體小說《旁觀者：管理大師杜拉克回憶錄》（*Adventures of a Bystander*）中回顧影響一生的七段經歷，這些經歷成為他一生的思想支柱和商業主張的基石。無論是從財經記者到助理總編，還是從商業顧問到大學教授，杜拉克在終生學習和實踐中，從不同的角度持續更新認知，只為更接近完美的目標；他將自己感悟到的認知理論和學習方法堅持終生，這也是「知行合一」的人生實踐。

第二節　管理不僅在於「知」，更在於「行」

杜拉克說：「管理是一種實踐，其本質不在於知而在於行；其驗證不在於邏輯，而在於果。」從這個意義上說，來自實踐的管理思考和經驗總結尤為寶貴。他一直關注管理實踐，擔任多家大公司的管理顧問，其管理理念同管理實踐基本保持同步。

一、管理需要良好的執行力

企業的穩定發展和持續盈利，依靠科學化的管理。而貫徹策略意圖，完成預定目標，還要具備執行力。執行力是把企業策略、計畫轉化成效益、成果的關鍵。對於團隊而言，執行力就是戰鬥力；對於企業而言，執行力就是經營能力。再偉大的目標與構想、再完美的操作方案，如果不能強而有力地執行，最終也只能是紙上談兵。

二、執行要具備五項能力

師承杜拉克的管理理論，歸根究柢要具有良好的執行力，具備由「知」到「行」的轉化能力。如何將杜拉克的思想由「知」到「行」呢？主要修練如下五項能力：

第一，信仰力。管理者對杜拉克知識體系，即行銷、目標管理和知識工作者、五項主要習慣等管理理論和概念產生了「信任、信服、仰視、仰慕、敬重」的意識，發自內心地對此感到認同。這種認同不會隨著外部環境的暫時性變化和衝擊而消失。只有認同杜拉克思想，相信他

第二章　管理的實踐：答案永遠在現場

所建構的以成果為導向的績效精神和以社會責任感為主體的企業家精神，才會遵從和踐行，形成自覺履行組織使命、達成組織願景的內在驅動力和意志力。

第二，遵從力。企業管理者能夠遵照杜拉克思想體系所倡導的「價值標準」自發地規範（修正）自己的管理行為；服從杜拉克所倡導的「五項主要習慣」自主約束（糾正）自己的工作行為、管理行為；也能夠堅守杜拉克所倡導的價值標準，用杜拉克思想來提升績效，改善管理。

第三，執行力。管理者在日常職務管理活動範圍內，能主動將杜拉克所倡導的「管理理論和主要習慣」融入組織的日常管理活動中，並發自內心地主動實踐。該實踐的重要意義在於使杜拉克管理理念與企業管理相結合，讓杜拉克管理理念對組織管理和組織績效的改善發揮出巨大的作用。

第四，影響力。透過管理者自身學習和執行杜拉克管理理念的示範作用，影響組織內部成員對杜拉克管理理念的「態度取向」（從漠視到重視），從而影響群體在行為上的「主動跟隨效應」（從旁觀者到參與者），繼而影響群體在管理實踐效果上的「效果轉變」（從形式到內容）。

第五，控制力。這是管理者創造一個卓越團隊的基本能力。具體展現在：①設定明確的「控制邊界」，防止杜拉克思想體系在組織內實踐時產生偏離；②及時「糾正、懲戒」團隊內部違反杜拉克所倡導的「價值標準和行為習慣」的經營行為、管理行為，確保杜拉克的理念被正確、有效地實踐。

同時，樹立正確的價值標準，在學習和實踐杜拉克理念的過程中，組織倡導什麼，組織反對什麼，正確的是什麼，錯誤的是什麼……

第二節　管理不僅在於「知」，更在於「行」

「知行合一」，「知」乃「行」的前提。對於杜拉克的管理理念，需要正確而深刻的了解與理解。不能淺嘗輒止，要持之以恆地學習和踐行。

由「知」到「行」的過程，實質上就是對理念認知、認同、承諾並行為化的過程，也是「內化於心，外化於行」的實踐過程。在這一點上，杜拉克和稻盛和夫都是典範，他們透過艱苦努力達到巨大成功，是純粹的理想主義和徹底的現實主義完美結合的典範。

對於企業管理者和員工而言，認同了企業所倡導的願景、使命、價值觀，企業就具備了潛在的巨大凝聚力和向心力；一旦員工開始承諾並自發地履行責任，這些文化理念就逐漸轉化為有效的組織所需要的執行力和戰鬥力。

第二章　管理的實踐：答案永遠在現場

第三節　集中精力於少數主要領域

杜拉克認為，每個人都必須在一個以上的領域成為專家，並且獲得認可。這是他所發現、發展並實踐的眾多理論之一，最終他取得了驚人的成就。杜拉克 28 歲時就已經描繪出了自己的未來，包括學術、創作以及諮商等方面。他的研究領域涵蓋了管理學、政治學和社會學等範疇，這使得他的作品具有寬廣的視野和恆久的穿透力。

企業或者個人成為某個領域中的專家，並且獲得認可，其成功的祕訣在於「專心」，有效的管理者做事必「專一不二」。因為要做的事很多，而畢竟每個人的時間有限，並且有許多時間非本人所能控制。因此，有效的管理者要善於制定工作計畫，為自己安排優先順序，並集中精力堅持這種秩序。

確定「何者當先，何者當後」的原則在於：①重將來而不重過去；②重機會而不重困難；③選擇自己的方向而不跟隨別人；④追求突出性的超常表現，而不僅求安全和易做。

一、集中精力於「八個關鍵領域的目標」

如何集中精力於少數關鍵領域？杜拉克提出了「八個關鍵領域的目標」，這是杜拉克理念中的重要部分。第一，行銷。企業能夠在市場中創造出顧客，必須有市場行銷目標。首先，專注於決策，決定要在哪一類產品與服務區域去迎接挑戰。其次，企業必須決定應該在市場的哪一個方面（產品或服務）成為領導者。

第三節　集中精力於少數主要領域

　　第二，創新。企業必須預測為達成行銷目標所需要的創新，即根據產品線、現有市場、新市場及服務需求來決定需要做出何種創新。

　　第三，人力資源。企業不僅要設定明確的經理人的貢獻、發展與績效目標，更要為員工的工作態度與技能發展設定目標，以利於未來企業發展。

　　第四，財務資源。企業必須為資本的供給與利用設定目標，包括為現金流、長期的資金需求設定目標。

　　第五，實體資源。任何一個生產物質產品的企業都必須能夠獲取實體資源，確保實體資源的供應。

　　第六，生產力。管理者最重要的工作之一就是持續改善生產力。生產力是對組織績效的真實檢測，它是企業競爭力的一個指標。杜拉克一再強調：「缺乏生產力目標的企業將失去方向，缺乏生產力評量標準的企業將失去掌控。」

　　第七，社會責任。杜拉克認為企業占有大量的資源，對社會影響很大，企業必須把履行社會責任視為一個目標。

　　第八，利潤需求。利潤是對企業績效的最終檢驗。企業需要利潤來付出為達成企業目標所需的成本，利潤是檢驗企業是否健康的標準，長期不盈利的企業注定會滅亡。

　　杜拉克認為企業應將精力集中於以上領域，並確立目標，這些關鍵領域的結果對企業的生存有著舉足輕重的作用。

二、集中精力於企業關鍵技術能力

　　集中精力於少數關鍵領域，同時選擇正確的事情去做。如果事情本身不正確，就很難產生正面的成果。如果管理者每天的工作都陷於日常

第二章　管理的實踐：答案永遠在現場

事務，陷於內部複雜的關係，就無法把關注點放在影響公司長遠發展的策略決策上。

稻盛和夫專注於精密陶瓷技術這一領域，奠定了京瓷的市場地位。稻盛和夫身為陶瓷產業的開拓者，他敏銳地捕捉市場的需求，不斷開發新產品和新技術，不僅成功合成出鎂橄欖石，而且其開發的精密陶瓷技術為陶瓷產業帶來了多項創新，也成了支撐創業期的京瓷的基礎。稻盛和夫憑著這一領域的關鍵技術和競爭力，把京瓷打造成為世界 500 大企業，而且深刻地影響著京瓷員工的人生觀與價值觀。

專注於關鍵領域，把自主研發做到極致，才能製造出完美的產品。京瓷的發展史中有一項劃時代的技術——「多層封裝」。京瓷當時獲得了大量保護 IC 晶片的陶瓷品訂單，但京瓷缺乏這項技術。稻盛和夫與技術團隊一同廢寢忘食地進行研發，最終試製出了讓客戶感動的完美樣品。正是此項開發所培養起來的技術實力，使京瓷不斷獲取知名半導體廠商的訂單，其業務也擴大到了歐洲和亞洲。

稻盛和夫曾說，凡是做出一番成就的人，無一例外都是不懈努力，歷經艱辛，專注於自己的工作，埋頭於自己的事業，最後才取得了巨大的成功。

企業也需要專注於關鍵領域，才能發展關鍵技術能力。每一家成功的企業都具有獨特的關鍵技術能力，不容易被其他企業或潛在的競爭者模仿。培養和發展企業的關鍵技術能力是企業成功地進行技術創新、建立和保持競爭優勢的關鍵。

第四節　從實踐中提升認知，而非紙上談兵

　　杜拉克認為，每個人都應自己承擔責任，學習自我發展的原則，並將其應用到商業實踐中，以獲得個人最好的成就。

　　杜拉克的著作並非紙上談兵，更多認知來源於他的親身實踐，影響了許多企業和企業家。

一、從通用汽車的實踐，為現代組織管理研究找到支點

　　1942 年，杜拉克受聘為當時世界最大企業——通用汽車公司的顧問，對公司的內部管理結構進行研究。當時的通用汽車已經是世界規模最大的公司，有 25 萬名員工。杜拉克在通用汽車公司工作了 18 個月，針對工業社會的政治、社會結構以及工業秩序進行了全面的研究。

　　1946 年，杜拉克根據在通用汽車公司的研究心得和成果，寫出了《企業的概念》(Concept of the Corporation) 一書，也是透過對通用汽車公司實際工作情況、挑戰、問題和原則的分析，杜拉克第一次提出了管理學是一門學科的觀點，明確「管理」是指承擔特定工作與責任、履行組織特定功能。杜拉克開始從通用汽車公司的實踐，針對社會和未來，為自己的現代組織管理研究找到了一個支點。杜拉克在該書中首次提出「組織」的概念，從而奠定了現代組織理論的基礎。

　　杜拉克在這本書中所做的並非純粹的管理實踐總結，而是一種介於管理實踐與管理學理論之間的探討。杜拉克透過在通用汽車公司中的實

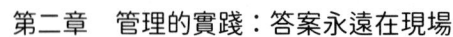

第二章　管理的實踐：答案永遠在現場

踐經歷歸納出來的大型企業組織機構設定的「分權化」原則、「事業部」原則仍是 21 世紀企業組織設計的基本原則。

二、豐田之道就是杜拉克之道

杜拉克的管理著作和實踐活動對日本豐田汽車也產生了重大影響。豐田汽車的高層主管說：「豐田之道就是杜拉克之道。」受到杜拉克管理理念的影響，豐田汽車不僅以汽車製造商的身分在市場上競爭，而且以精細化管理取得競爭優勢。豐田汽車從杜拉克那裡學會了比賺錢更重要的使命：豐田汽車經營的目的是為顧客、社會與經濟創造更高的價值。

三、杜拉克對奇異公司的影響

杜拉克對通用汽車公司的諮詢，奠定了他身為企業顧問的地位。美國奇異等公司紛紛尋求他的指點。從 1950 年代開始，杜拉克就是奇異公司每一屆董事長和 CEO 的顧問。

1981 年，傑克·威爾許擔任奇異公司的 CEO 後，做的第一件事就是去拜訪杜拉克，他的很多經營理念和策略深受杜拉克的啟迪，他整合奇異的第一個核心理念就來自彼得·杜拉克。例如，第一，在奇異公司消除官僚主義，把管理層級從八級壓到三級。第二，無法讓你在奇異公司終身就業，但培養你終身就業能力，每年末淘汰 10%的員工，裁員亦不手軟。第三，賣掉非一流的項目，買入一流項目，只做全球數一數二的項目。

第四節　從實踐中提升認知，而非紙上談兵

因此，傑克・威爾許給予杜拉克極高的評價：「全世界的管理者都應該感謝這個人，因為他貢獻了畢生的精力，來釐清我們社會中人的角色和組織企業的角色，我認為彼得・杜拉克比任何其他人都更有效地做到了這一點。」

第二章　管理的實踐：答案永遠在現場

第五節　從經營實踐中總結哲學理念

　　稻盛和夫的管理實踐，更多體現在經營哲學的總結。稻盛和夫在經營京瓷時，曾經遇到過各式各樣的困難，但每次他都能夠想出辦法度過難關。他喜歡在事件發生之後總結經驗，不斷地對工作以及人生進行自問自答，在經歷一次次靈魂拷問的過程中，他對自己以及自己做的事情能夠進行客觀的評價，最終總結並形成了京瓷哲學。

　　京瓷哲學是透過稻盛和夫的管理實踐得出的人生哲學，其根本在於「人應該怎麼活著」。他做了假設，如果一個人以正確的生活方式去度過人生，去努力工作，那麼，他的一生將會變得無比充實和幸福，公司也會成為幸福型企業，得到持續長久的發展。

　　稻盛和夫曾經在一次演講中說：「正是哲學決定了經營和事業的成敗。想把公司做好，讓員工幸福，先決條件是最高經營者必須提升自己的思考方式和精神境界。」稻盛和夫把他在經營實踐中切身體悟到的經營原理原則歸納為「經營十二條」。

　　在「經營十二條」中，首先要釐清事業的目的和意義，因為這最能激發員工內心的共鳴，獲取他們對企業長時間、全方位的協助，員工也能全然地投入經營。其次，心中要有強烈的願望，願意付出不亞於任何人的努力，經營取決於堅強的意志和燃燒的鬥魂，始終保持樂觀向上的心態等。

　　「經營十二條」的有效性和普遍性已被實踐所證明。「經營十二條」立足在「作為人，何謂正確？」這一基本觀點之上。這樣普遍的哲學思想可以超越國境，超越民族，超越語言差別。在日本航空公司的破產重

建中,稻盛和夫為了讓企業幹部理解並實踐這些原則,他每天都不厭其煩地做宣講,要求員工務必相信它的力量,深刻理解、認真實踐「經營十二條」。最終他帶領日本航空公司走出谷底,在不到一年的時間內,就讓日本航空公司轉虧為盈。

身為世界級的知名企業家,他一直強調,成就事業沒有其他捷徑,唯有努力地工作。熱愛是點燃工作熱情的火把。無論什麼工作,只要全力以赴地去做,就能產生很大的成就感和自信心。稻盛和夫正是憑藉這種信念才能成就偉大的事業。

稻盛和夫的成功經驗表明,一個領導者只有不斷增強自我修養,對身邊的人和事充滿愛心,並不斷付諸實踐,才能提升經營管理的績效,實現領導者乃至人生的最高境界。

第二章　管理的實踐：答案永遠在現場

第六節　解決問題的答案總是在現場

　　古詩云：「紙上得來終覺淺，絕知此事要躬行。」身為兩大世界級企業的創辦者，稻盛和夫有著自己獨到的經營哲學，並在幾十年的時間內親身實踐，他堅信解決問題的答案總是在現場。他的實踐行為再次表明，管理是實踐出來的，最終是為了達成現實目標，實現團隊和企業的理想。

一、為何熱衷於在工作現場解決問題

　　稻盛和夫創立京瓷後，一直擔任京瓷的研發領導人。

　　稻盛和夫在工作中經常付出不亞於任何人的努力，加班、連續奮戰是他的工作常態。創業之初，他更是肩挑銷售與技術的重擔，白天拜訪客戶，挖掘客戶的需求；晚上夜以繼日地進行產品和技術研發。他不僅嚴格要求自己，也要求公司的員工在工作中不能有絲毫懈怠。

　　他發現，一旦全心全意地投入到工作中，對某個目標產生強烈的渴望，就會在腦海裡形成一個意象，所有的思考和願景都會堅定地指向這個目標和方向。這時，工作現場彷彿出現照亮前途的火炬，智慧之窗隨之開啟。用稻盛和夫的話說就是「工作現場有神靈」。

　　稻盛和夫曾一次次遇到這種工作現場的神靈，因此他做出結論、解決問題的答案總是在現場。當一個人以不服輸的高度熱情投入到產品研發中，在對其進行全然的審視、傾聽、專注中，往往會聽到「產品的回聲」，找到解決問題的辦法。

二、親身實踐才能看清事情的本質

稻盛和夫認為「實踐重於知識」。「了解」與「能夠做到」是截然不同的概念。書本上的知識和道理與現實中發生的現象不同。只有以結果來驗證,也就是說,必須經過親身實踐才能看清事情的本質。

但是僅僅進行實踐,是無法充分了解事物的本質和規律的。要獲得對客觀事物本質和規律的認知,必須實現從感性認知上升到理性認知。要達到這樣的進步,我們必須透過持續的管理實踐,占有豐富而真實的感性原料,並且運用科學的思維邏輯,對感性原料進行加工製作,才能透過現象認識事物的本質和規律。

稻盛和夫正是在經營京瓷的過程中,經過不斷實踐和思考,意識到了經營的本質,以及思考「人應該怎麼活著」,由此獨創了阿米巴經營模式,總結出稻盛哲學。阿米巴經營和稻盛哲學也成為京瓷發展的兩大支柱。

三、「知行合一」的踐行者

稻盛和夫身為京瓷哲學的創造者和引領者,在其所經營管理的企業中推行了稻盛哲學。稻盛哲學本質上是「行」的學問,它之所以偉大,正是因為「知行合一」。稻盛和夫認為,我們在生活中最容易實踐的,而且提升心智水準最根本、最重要的途徑,就是「六項精進」。「六項精進」總結了稻盛和夫在人生和工作中非常重要的實踐內容。如果每個人在每天的工作中,都能持之以恆地對「六項精進」加以實踐,就一定能夠開創自己美好的人生。

在「六項精進」中,稻盛和夫特別把「付出不亞於任何人的努力」放在第一條。他說:「要想度過更加充實的人生,就必須比別人付出更多的

第二章　管理的實踐：答案永遠在現場

努力,全心全意地投入工作。痴迷於工作、熱衷於工作,並付出超出常人的努力,這種不亞於任何人的努力會為我們帶來豐碩的成果。」身為企業家和高層管理團隊,要把自己的精神和願景傳達給每一位員工,從而使員工心甘情願地為此持續努力。只有不遺餘力地投身於工作,才有可能取得企業經營的成功或人生的成功。

「付出不亞於任何人的努力」是事業成功與美好人生的必然要求。稻盛和夫不僅是這樣認為的,更是身體力行。他 27 歲創辦京瓷,雖然面臨很多競爭對手,但他心裡只有一個念頭,就是不能讓公司倒閉,不能讓一位員工失業。他堅信以心為本的經營、人人都是經營者,讓大家團結一致,就一定能夠成就大的事業。

案例：稻盛和夫拯救日航的阿米巴經營體系

稻盛和夫成功創辦京瓷和 KDDI,這兩家公司都進入了世界 500 大。在經營企業的過程中,稻盛和夫獨創了阿米巴經營和稻盛哲學。

稻盛哲學與阿米巴經營的成功應用,使日本航空公司(以下簡稱日航)起死回生。2010 年,日航向東京地方法院申請破產保護,為了使日航得以重建,稻盛和夫答應了政府的再三請求,以 78 歲的高齡出任日航的會長(董事長),重整問題重重的日航。稻盛和夫之所以接受了這個艱鉅的挑戰,其原因是出於以下三項社會責任:一是為了防止二次破產對日本整體經濟產生負面影響;二是為保住留任日航員工的工作;三是為了維護合理的競爭環境,確保國民利益。

日本航空公司瀕臨破產,公司高層缺乏危機感和責任感,員工們更是一盤散沙。稻盛和夫對航空運輸事業方面的知識和經驗也很欠缺,當然也沒有勝算。他所能帶到日航的只有稻盛哲學和阿米巴經營這兩件武器。

第六節　解決問題的答案總是在現場

1. 把稻盛哲學移植到日航這家企業中，制定日航哲學

儘管稻盛哲學和阿米巴經營在京瓷獲得成功，但要把阿米巴經營有效地帶入日航的經營管理系統中，需要一系列的經營改革。

稻盛和夫首先著手改革日航幹部和員工的思想觀念，形成共有的價值觀，推進全體員工的意識改革。即要把稻盛哲學移植到日航這家企業中。

稻盛和夫召集了日航的經營幹部，集中學習、集體討論。他親自講述領導人應有的資質，要求大家將「作為人，何謂正確？」作為判斷和行動的基準，要求幹部成為受到部下信任和尊敬的人，並講解「經營十二條」原理原則，徹底改革官僚體系。這種以經營幹部為對象的研修會，使日航的管理者逐步加深了對稻盛哲學的理解。

稻盛和夫揭示並反覆宣講日航的經營理念，即「追求全體員工物質和精神兩方面的幸福」。稻盛和夫認為：「只要你愛員工，他們就會愛顧客。」

稻盛和夫領導編製《日航哲學》並全員推行。這是日航經營的指標，明確指出日航今後應該以什麼樣的思考方式、什麼樣的哲學為基礎來進行經營活動。

透過學習稻盛哲學，日航員工在謀求意識改革的過程中，思想逐漸發生了變化，稻盛的經營哲學慢慢由高層管理者向中層管理者乃至員工滲透。在現場第一線的員工，開始在各自的職位上拚命努力。他們熱愛日航，也希望客人喜歡日航，他們從這種純粹的願望出發，殷勤、誠懇地待人接物。員工服務態度的轉變，使日航得以成功轉型。

第二章　管理的實踐：答案永遠在現場

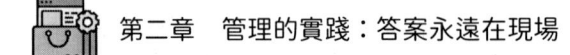

2. 帶入阿米巴經營，各級經營者的責任意識開始建立

稻盛和夫在日航帶入阿米巴經營方式，使每一位員工都萌生了經營者意識，全體員工開始思考如何提升自己部門的銷售額，如何削減經費。稻盛和夫還爭取了日本政府鉅額資金援助和各交易銀行債務減免，並圍繞「銷售最大化，費用最小化」採取了多項措施，包括實施阿米巴經營及會計核算體系，使日航逐漸擺脫經營困境。

接手日航後，稻盛和夫搭乘日航班機都坐經濟艙，表明與員工同甘共苦的決心。機艙裡的空服員每每在經濟艙看到公司董事長，總是感動得熱淚盈眶。

日航公司風氣徹底發生了改變，員工發自內心地與公司同心同德同努力。日航也迅速恢復生機，並且形成了可持續發展的高收益的企業經營體系。其結果是，此前一直虧損的日本航空公司，重建後的第二年度就實現了高額盈利，變身為世界航空領域收益最高的企業。2012年9月，僅僅用了2年8個月，日本航空公司就成功重新上市。

本章小結

◎杜拉克與稻盛和夫的相同點：

1. 兩人在企業經營管理上都有豐富的實踐經驗。杜拉克是企業管理顧問，指導和幫助企業解決經營中的關鍵問題，從而累積了豐富的管理經驗；稻盛和夫創辦兩家世界500大企業，也累積了豐富的管理實踐經驗。

2. 兩人都重視「知行合一」。杜拉克提出管理是一種實踐，其本質不在於「知」，而在於「行」；驗證不在於邏輯，而在於成果。稻盛和夫推行的稻盛哲學本質上就是「行」的學問，他根據自己的實踐經驗總結出了「六項精進」的內容。

◎杜拉克與稻盛和夫的不同點：

兩人在管理實踐中的側重點不同。

杜拉克在管理實踐中注重經營技巧，以目標管理、成果管理、創新與企業家精神等管理理論武裝我們的頭腦。

稻盛和夫在管理實踐中注重經營心靈，以心法、活法、敬天愛人等經營哲學充實我們的靈魂。

第二章　管理的實踐：答案永遠在現場

第三章
組織的進化：組織結構變革與賦能

在阿米巴經營中，把公司劃分為被稱作「阿米巴」的小組織。各個阿米巴的領導者以自己為核心，自行制定所在阿米巴的計畫，並依靠阿米巴全體成員的智慧和努力來完成目標。透過這種做法，生產現場的每一位員工都成為主角，主動參與經營，從而實現「全員參與經營」。

—— 稻盛和夫

第三章　組織的進化：組織結構變革與賦能

第一節　「組織」概念的提出、發展和進化

杜拉克所著的《企業的概念》一書，使管理學成為一門獨立學科，杜拉克第一次全面化、系統化地定義了公司的本質，提出「組織」的概念，從而奠定了組織學研究的基礎。

一、定義組織本質

杜拉克提出：公司的本質和目標不在於它的經濟業績，也不在於形式上的準則，而在於人與人之間的關係，包括公司成員之間的關係，也包括公司外部公民之間的關係。

企業組織必須是一個獨立的主體，能夠按照自身的結構和要求進行管理和決策，可以根據自己的目標來評價。組織機構也是社會的一員，和自然人一樣，社會必須賦予它適當的功能和身分，同時它必須承擔相應的社會責任。杜拉克關於企業人的重新定義，對於之後半個世紀的激勵理論研究、股權制度的創新具有深遠影響。

在定義組織本質的社會關係、社會責任、社會意義方面，《企業的概念》一書所闡述的理念是前無古人的。

二、組織變革的方法論和原則

進化是一個生物學的概念，其實質是某種基因的改變。組織進化，意味著在市場環境的變化中，思考究竟企業組織應該怎樣去變革。我們不僅要變革，更要做變革的引領者。

企業的發展離不開組織變革、內外部環境的變化、企業資源的整合與變動，這些因素給企業帶來了機遇與挑戰。

杜拉克談及企業經營適應變化的關鍵：「變不是最重要的，變化的趨勢或趨勢的變化才是最重要的。」趨勢的變化能讓他發現看得見的未來。杜拉克不喜歡猜測未來和預言未來，他強調要立足當下，關注正在發生的事情，然後觀察其變化趨勢，利用時間差來捕捉看得見的未來。

組織變革，其根本目的是適應未來組織發展的要求，增強組織活力，實現組織目標，提升組織效率，並最終實現組織的可持續發展。

組織變革的內容，首先是對人員的變革。人員的變革是指員工在態度、技能、期望、認知和行為上的改變。其次是對組織結構的變革。主要指組織需要根據環境的變化適時地對組織結構進行變革，並重新在組織中進行權力和責任的分配，使組織變得更為柔性靈活，易於合作。最後是對技術與任務的變革。包括對作業流程和方法的重新設計、修正與組合，更換機器設備，採用新工藝、新技術和新方法等。

在組織變革上有什麼方法論和原則？

第一，有決心和能力改變現狀（推動思變，釋放寶貴資源）；第二，有組織的改善（以重新定義「績效」為前提），第三，挖掘成功的經驗（而不是僅討論存在的問題）；第四，系統化的創新（創造變革＝別讓機會溜走）。

處在網路時代，組織必須能夠有效地整合資源，也需要開放、整合創新的管理正規化。同時，管理者要深入企業實踐內在尋求答案，尋求企業可以應對各種挑戰和變化、持續成長的真正驅動因素。釋放個體的價值，賦能於組織本身，形成開放與合作的組織架構，令外界意見更容易被納入，或者讓組織本身更具彈性。

第三章　組織的進化：組織結構變革與賦能

第二節　公司成長陪伴的大師

彼得‧杜拉克說，企業家總是在尋求變化，順應變化，並利用變化使之成為機會。杜拉克在《管理實踐》一書中，回歸管理的源頭，叩問「企業究竟是什麼」這一具有本源意義的問題。杜拉克窮其一生都在追問「企業是什麼」，或許在這個企業普遍感到迷惘的時刻，大師的思考能給我們清晰的指引。

稻盛和夫認為，以謹慎的態度經營企業，打造高收益的企業「體質」，形成值得自豪的、財務體質寬裕的企業。這就是京瓷克服多次經濟變動、順利發展至今的原動力。

公司不斷地發展和演變，身為變革的領導者，並不僅僅是願意接受新的、不同的事物，還需要有意願和能力來改變現行做法。它需要制定出「由現在創造出未來」的策略。

一、公司的歷史沿革

公司是指企業的組織形式，以營利為目的的社團法人，在資本主義社會獲得高度發展。

清朝魏源在《海國圖志》中說：「西洋互市廣東者十餘國，皆散商無公司，唯英吉利有之。公司者，數十商轇資營運，出則通力合作，歸則計本均分，其局大而聯。」

彼得‧杜拉克在《企業的概念》一書中首次嘗試揭示一個組織是如何運作的，它所面臨的挑戰、問題和遵循的基本原理是什麼。

第二節　公司成長陪伴的大師

他從三個方面對企業進行社會和政治分析：將公司作為獨立的主體分析其運作方式；分析大企業能否實現它所處社會的信仰和承諾；分析公司目標和社會功能的關係。

公司的歷史沿革，大至上經過家庭剩餘產品交換、商販、商幫、契約合夥、專業公司、近代公司、現代公司等過程（如圖3-1所示）。

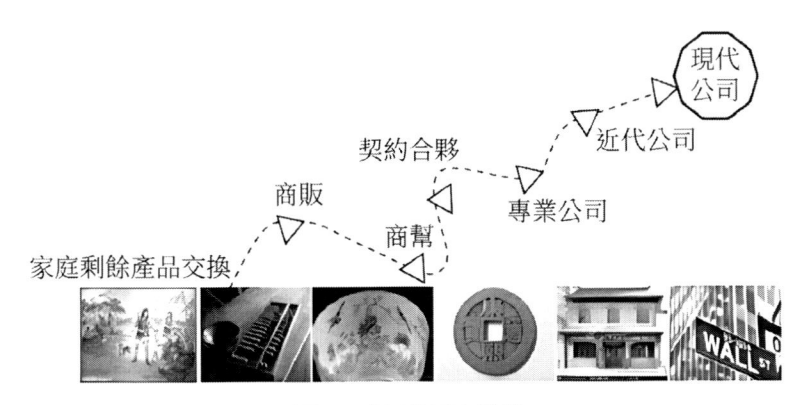

圖3-1 公司的歷史沿革

二、公司成長陪伴的大師

杜拉克和稻盛和夫都是公司成長陪伴的大師。

杜拉克在他的著作中多次論述公司成長問題。1954年，杜拉克在現代管理的奠基之作《管理實踐》一書中，用整整一章的篇幅專講企業成長問題。1973年，杜拉克在現代管理理念的系統化著作《管理：使命、責任、實務（責任篇）》一書中，又以專門一章講企業成長管理。這兩部分是杜拉克著作中關於企業成長理論的綜合展現。

身為公司成長陪伴的大師，杜拉克從五個方面論述公司成長管理。

第三章　組織的進化：組織結構變革與賦能

第一，解決企業成長所帶來的問題。在企業經營中，員工的多寡和企業規模的大小不是最大問題，成長才是最大問題。最重要的事情莫過於解決企業成長所帶來的問題，成長問題的實質是管理態度的變化。

成長企業的先決條件：管理層必須能夠改變基本態度和行為。隨著企業的成長，公司高層必須發展新能力，必須了解營業狀況，必須與員工保持暢通的溝通管道。高層管理團隊必須把重心放在目標設定上，建立從最低層主管到最高層主管的向上溝通管道。為了順應成長，管理層必須了解和應用組織原則，嚴謹設計組織結構，清楚設定目標，明確劃分各級主管的職責。

第二，成長的必要條件和前提條件。成長必須要求能夠在恰當的時機，把恰當的產品或服務投放在恰當的市場上。這是成長的必要條件和前提條件，而不是成長本身。為了成長，企業必須有策略、有準備，必須塑造一種準備成長的模式，並集中力量達成想要的目標。

第三，企業對成長進行管理是理念也是一項任務。處於成長中的產業，也具有脆弱性。哪些企業會成為領先企業，哪些企業將會消失，是無法預測的。最重要的是，企業管理者需具備對企業成長進行管理的能力以及制定出能夠占據領先地位的策略能力。企業的成長是有風險的，因此企業對成長進行管理不僅是理念，也是一項任務。

第四，企業對成長做出計劃。企業自身的成長應是一個重要目標。即使在動盪時期，企業也應該有成長發展的目標。當經濟不再成長時，經濟中的變化必然是突然的、急遽的。於是，一個沒有成長的企業或產業真的就要衰敗了。在這種時候，更需要有策略思考，對成長做出計劃，對成長進行管理。

第二節　公司成長陪伴的大師

成長政策與任何其他企業政策並無差別，它要求有目標、優先順序和策略。更重要的是，它要求成長目標是合理的，並且以企業、市場和技術的客觀現實為基礎，而不是以財務上的幻想為基礎。

第五，企業成長管理的控制因素是高層管理者。企業成長的關鍵是高層管理者，高層管理者面對企業成長必須願意並能夠改變自己，改變自己的角色、關係和行為。

具有成長雄心的中小型企業的主要負責人，要想讓企業茁壯成長，必須改變自己的角色、行為和關係，並應接受自己在一個較大型企業中所扮演的新角色，而且是必須在扮演這一新角色以前，就做好準備。

稻盛和夫陪伴企業成長發展的經營要訣，主要是「經營十二條」。稻盛和夫說：「經營者不可寄希望於他人，一定要親自上陣，踏踏實實地履行『經營十二條』，培養『自力』。」

稻盛和夫認為，複雜現象，複雜理解，事情反而難辦。在研究開發領域必須具備將複雜現象簡單化的能力，企業經營也是一樣，只要領會了其中的要訣（原理原則），經營企業就不是什麼難事。

身為公司成長陪伴的大師，杜拉克更側重企業本身管理機制的成長與進化，稻盛和夫則更重視對經營哲學的內在思考、對人的價值觀的塑造。他們都對企業成長的本質進行了深入的思考與解答。對於現代企業的管理者和經營者而言，他們的答案都帶來了深刻的啟示。

第三章　組織的進化：組織結構變革與賦能

第三節　組織變革的引導者

一、什麼是組織變革

為什麼要引領組織變革，做組織變革的引領者？

組織內部就像一部唱不完的大戲，劇情隨著企業外部和內部環境的變化而跌宕起伏。身處網路時代，在變動、不確定、複雜的社會和市場大環境下，變化速度之快，防範「黑天鵝」的難度之大，是我們難以預料的，每家企業組織都有朝生暮死的可能！你無法準確預知競爭對手來自何方，下一刻你的企業會不會倒下！

杜拉克說：「在組織結構性調整中，唯一能倖免於難的只有變革的引領者，我們無法左右變革，只有走在它前面。」企業中的組織變革是一項「軟任務」，即有時候組織結構不改變，企業也能正常運轉，但如果要等到企業無法運轉時再進行組織結構的變革就為時已晚了。因此，企業管理者必須抓住變化的徵兆，及時進行組織變革。

「宜未雨而綢繆，毋臨渴而掘井。」作為企業管理者需要有這種憂患意識，當企業的經營業績下降，企業生產經營缺乏創新，組織機構本身病症顯露時，如決策遲緩、機構臃腫、管理幅度過大、推諉塞責增多、管理效率下降、員工的士氣低落、不滿情緒增加等，企業就應及時進行組織診斷，判斷是否需要變革組織。

企業的組織變革是令人痛苦的，需要冒風險，需要進行大量困難重重的工作。組織變革的引導者會視變革為機會。他們主動尋求變革，知道如何發現恰當的變革良機，了解如何在組織內、外部發揮變革的作用。

杜拉克認為，要成為變革的引導者，必須遵循四項原則。

第一，創造未來的原則。

第二，系統化地尋求和預見變革的方法。

第三，在組織內部和外部推行變革的恰當方式。

第四，在變革與連續性之間達成平衡的原則。

組織變革是一項系統工程，涉及各方面的關係，因此必須講究策略。首先要積極慎重，即要做好調查，積極推行。其次是綜合治理，即組織變革工作要和其他工作配合進行，這主要是指組織的任務變革、組織的技術變革、組織的人員變革。

二、組織變革的 7 個步驟

對於組織變革的引導者來說，企業必須關注機會。他們必須摧毀問題滋生的土壤，創造機會生存的環境。

根據杜拉克的變革理論，我們總結出組織變革的 7 個步驟。

(1)建立緊迫感，展現出組織變革的重要性。

緊迫感是領導變革和應對危機的關鍵。在組織變革中建立緊迫感，使員工增強風險意識，意識到進行組織變革的必要性和重要性，並且開始為變革採取積極行動。

(2)組建一個高效的變革菁英團隊。

組織變革菁英是帶頭者，一個可信賴的菁英團隊能更有效地推動組織變革和貫徹執行計畫。這個團隊直接跨越整個組織和各個不同業務單位，而不必遵守傳統的等級制度。為了將全部精力集中於領導和推動組織變革，他們直接或間接地貫徹執行新流程。

第三章 組織的進化：組織結構變革與賦能

(3)確立組織變革願景，明確努力的方向和具體行動指引。

組織變革的願景常與策略、規劃和預算相關聯。詳細的計畫和預算僅僅是變革的先決條件，建構更需要符合實際情況的、能夠得到組織認同的、清晰的變革願景，需要為員工提供新資訊、新行為模式和新的視角，指明變革方向，實施變革，進而形成新的行為和態度。

(4)將確立的組織變革願景達成共識。

將確立的變革願景有效地傳遞到組織中的相關人員那裡，使所有的相關人員都能對此達成共識。在這個階段，實際行動比言語更為有效，表率比指令更發揮作用，領導者需要用實際行動來影響其他相關人員。

(5)充分的授權，具體執行組織變革措施。

充分的授權，是在組織中進行成功變革的必要環節。領導者放權將專業的事情交給專業人士去做，這也展現了專業分工的趨勢，使管理更加職業化。

(6)創造短期績效，肯定變革成果。

變革通常是一個緩慢且逐步實現的過程，在具體某一階段，其成效並不明顯。這種情況持續太久，會對組織成員造成一定的心理壓力，成員會懷疑組織變革的結果。因此，變革領導者需要創造短期成效，幫助肯定變革成果，以鼓舞人心。

(7)培養共同的價值觀，推進變革活動的深入。

組織變革取得成功後，組織需要透過建立一定的企業文化來鞏固變革成果，以企業文化來培養組織成員共同的價值觀，推進組織變革的深入。

第四節　讓「賦能」來更新企業管理

一、為企業「賦能」，激發員工活力

未來的組織會演變和進化成什麼樣貌，這很難準確預測。但未來組織最重要的功能已經越來越清楚，那就是賦能。

賦能授權是在企業變革中使用頻率很高的詞彙，其意是授權給企業員工——賦予他們更多額外的權力。比如企業裡的事業部、阿米巴組織等，要讓這些小組織獨立核算利潤、自主經營，企業就要賦能授權。企業自上而下地釋放權力，使員工在從事自己的工作時能夠行使更多的控制權。從邏輯上說，這樣做意味著為了追求企業的整體利益而給予員工更多參與決策的權力，目標是提升員工的經營意識。

杜拉克在《卓有成效的管理者》（*The Effective Executive*）一書中說：「『授權』這個名詞，通常都被人誤解了，甚至是被人曲解了。這個名詞的意義，應該是把可由別人做的事情交付給別人，這樣才能做真正應該由自己做的事——這才是有效的一大改進。」森嚴的等級在一定程度上限制了我們的能量等級和原動力，也使管理者無法真正地探查到自己的行為決策對員工造成的影響，從而影響管理效率。

組織變革中，組織領導者由控制者轉變為賦能者，透過激起員工的工作動力來激發持續的創造力，使員工的自主性、創造性和靈活性更能與組織進行搭配，從而促進實現組織的創新發展。

但企業僅僅做到授權賦能還不夠，因為授權賦能的背後，各個事業部需要承擔更多的經營責任。經營變革、授權賦能都為企業帶來很多不

第三章　組織的進化：組織結構變革與賦能

確定性，或者更高的成本。授權賦能為企業帶來機遇，也帶來各種挑戰，讓組織在界定每個人的角色和責任時存在一定難度。因此，企業需要做的是把賦能與責任結合在一起，讓責任更加明確，並能夠發揮創新的功效。

二、如何為企業「賦能」

杜拉克說：「管理的本質是激發善意。」授權賦能作為一種驅動力，僅僅解決了從被動做到主動做的心態問題。「激發善意」表現在兩個方面：一是激發個體或內部組織由內而外的能量，包括工作心態、執行力、知識和技能，達到自我能量的頂峰；二是整合、改善或者融入資源，聚合外部能量為我所用。

那麼，如何讓「賦能」來更新企業管理呢？

首先，建立賦能型組織。企業的發展，需要從管控型組織轉變為賦能型組織，充分授權於員工。組織的職能不再是分派任務和監工，而更多的是讓員工的專長、興趣和客戶的問題相配合，這往往要求更強的員工自主性、更高的流動性和更靈活的組織。這類賦能型組織包括各種策略經營單位、阿米巴組織等。這些組織能夠自主經營、獨立營利，充分發揮每個人的創造性和潛力。

其次，注重利益分享。人才是決定公司發展的智力資本，在賦能型組織中，協同共享資源，不能依賴自上而下的行政命令，而是將短期的內部市場機制、長期的共同目標作為牽引。參與利益分享的重要對象當屬關鍵人才。要大力激發這批人的聰明才智，使之成長為鎮守一方、馳騁沙場的領軍人物。同樣，賦能型組織也要將激勵向內傳遞，使成員都

能獲得有效的激勵。

最後，企業文化對組織的賦能。例如，稻盛哲學對京瓷的發展有著十分重要的作用。稻盛哲學歸納為一點就是「敬天愛人」，以「何為正確的做人準則」為判斷標準，指出了按照人類應有的原始倫理觀、道德觀及社會規範，開展無愧於任何人的、正大光明的經營與業務活動的重要性。

在稻盛哲學的激勵下，為了公司的發展，每個人都全力以赴地工作。經營者也不負眾望，願意付出不亞於任何人的努力，信任工作夥伴，不徇私、不自利，而是一心要讓公司蓬勃發展，讓員工們以在京瓷工作為榮，這就是京瓷一直以來的經營之道。

未來的組織是一個利他文化與賦能型的組織。管理者用利他之心做出判斷，因為站在「為了他人幸福」的立場上，所以能夠獲得更多人的協助，也能開闊視野，進而做出正確的判斷。

未來的管理者也是賦能型管理者，而不是命令型管理者。賦能的終極目標，是讓組織或者個人能夠自我驅動、自我提升，並與外界資源形成有效的互動，從而達到最佳的效果。

第三章　組織的進化：組織結構變革與賦能

第五節　從金字塔到倒三角 —— 事業部制

傳統的金字塔組織結構，通常採取自上而下的控制式管理。即除了老闆，其他員工都是僱員。老闆和高階主管們指令式的管理風格，將對組織氛圍產生嚴重的破壞，進而影響組織績效。

杜拉克經歷過工業時代的鼎盛時期，晚年又逢知識社會和網路社會的到來。在大時代的轉換中，杜拉克比任何人都更能感受到新時代帶來的衝擊，以及傳統上司與下屬關係的解體。

杜拉克在以通用汽車公司為研究對象寫成的《企業的概念》一書中提出了頗有前瞻性的「自治工廠」的概念。即公司將管理的責任交給員工、班組和員工組成的團隊，讓他們來負責工作的組織、績效評定、團隊管理等。企業透過培養出有管理能力的、有責任感的工人，打造「自我管理的工廠社區」。杜拉克認為，管理者應將工人看作一種資源，而不是成本。在公司組織結構上，就是從金字塔組織結構走向扁平化的倒三角組織結構。

一、傳統管理的挑戰

知識社會的到來，挑戰了傳統管理的諸多假設。杜拉克在《21世紀的管理挑戰》一書中提出要重構管理。

第一，傳統的老闆和下屬的角色將消失。杜拉克認為知識社會是由初學者和資深者構成的社會，而不是由老闆和下屬構成的社會。

傳統的老闆與下屬的角色將會消失，僱傭關係將不復存在。在知識社會，身為下屬的知識工作者，在很多專業領域的知識和技能都要勝過上司，因此，管理者要將下屬視為合夥人，第二，自上而下的指令型管理不符合時代和員工要求。杜拉克認為，知識員工擁有高度的自主性，而且他們是專家，是不能嚴密監督的。管理者唯一能做的，就是給予多方的協助，引導他們自己走向「有效性」。因此，管理者需要調整自己的角色和管理習慣。

　　第三，平等的夥伴關係對團隊領導者的管理方式提出了新的要求。夥伴關係意味著在地位上，所有合作者都是平等的。

　　杜拉克認為，管理者不能向合作者發號施令，他們需要被說服。管理者的工作逐漸變成一項「銷售工作」。在推銷過程中，我們要以客戶為出發點，而不應以自己的產品為出發點。

　　第四，基於責任和溝通的自我管理。在平等的夥伴關係中，每位成員必須對組織的目標、自己的貢獻以及自己的行為負責。組織的所有成員都必須成為負責任的決策者，都必須把自己視為組織的管理者。確保自己的工作目標能跟得上整個團隊的工作目標，相互配合、相互合作，也是組織所有成員的共同責任。

　　第五，領導權與等級無關。杜拉克認為，「級別」這個詞，應該從知識工作與知識工作者的字典中完全消失。平等的組織，是一個由合作夥伴組成的組織。傳統金字塔組織結構中的多層級別，將漸漸失效並退出舞臺。

第三章　組織的進化：組織結構變革與賦能

二、事業部制的起源和應用

從金字塔組織結構走向扁平化的倒三角組織結構，就需要建構事業部制，即在 1920 年代初由通用汽車公司的斯隆（Alfred Pritchard Sloan）首創而被杜拉克推薦的「聯邦分權制」或「事業部制」。杜拉克認為，大型企業和超大型企業首選的組織模式就是事業部制。

事業部制組織結構，即按產品或地區設立事業部，每個事業部都有自己較為完整的職能機構。事業部在最高決策層的授權下享有一定的投資許可權，是具有較大經營自主權的利潤中心，其下級單位則是成本中心。事業部制具有集中決策、分散經營的特點。集團最高層（或總部）只掌握重大問題決策權，從而得以從日常生產經營活動中解放出來。事業部本質上是一種企業界定其二級經營單位的模式。

事業部制適用於規模龐大、品類繁多、技術複雜的大型企業，是國外較大的聯合公司所採用的一種組織形式。在日本，「經營之神」松下幸之助在 1927 年也採用了事業部制，這種管理架構在當時被視為劃時代的機構改革，與「終身僱傭制」、「年功序列」並稱為松下致勝的「三大法寶」。一些大型企業集團或公司也引進了這種組織結構形式。

事業部制擴展到企業管理領域，主要有以下幾個優點：

第一，事業部制能夠使各級員工得到充足的訓練，為企業培養合格的接班人。每個事業部都為自己的績效、結果以及對整個公司的貢獻負責。事業部總經理知道他們在做什麼，可以將精力放在整體績效上，而不是成為僅有技能的工作機器。

第二，事業部制能夠使老闆從具體營運事務中解放出來，集中精力考慮企業的策略問題。

第五節　從金字塔到倒三角—事業部制

第三，事業部制要求各事業部自主經營，獨立核算，能夠激發員工的積極性。事業部總經理享有一定程度的自主權，負有盈虧責任，目的是調動員工的生產經營積極性，改善企業生產經營管理。

第四，每個事業部都應該富有成長的潛力。核心事業部門只有不斷地開發出新產品，公司才能得以生存。

第三章　組織的進化：組織結構變革與賦能

第六節　從僱傭到夥伴 —— 阿米巴經營

阿米巴經營是稻盛和夫在經營京瓷的過程中，為了強化員工的成本意識，為實現京瓷的經營理念而獨創的管理方式。

在阿米巴經營中，將公司劃分為被稱作「阿米巴」的小組織單位，同時各單位的經營權下放給阿米巴主管。每個阿米巴都任命一個主管，各個阿米巴的領導者以自己為核心，自行制定所在阿米巴的計畫，全權負責經營規劃、業績管理、勞動人事管理、資材購買等業務，以增加夥伴式共同經營者，並依靠阿米巴全體成員的智慧和努力來完成目標。透過這種做法，生產現場的每一位員工都成為主角，主動參與經營，從而實現「全員參與經營」。

一、稻盛和夫如何進行組織變革

阿米巴經營模式與京瓷會計學，被稱為稻盛經營哲學的「兩大支柱」。阿米巴經營的巨大魅力在於能夠深層次地系統解決企業經營的根本問題。

阿米巴組織變革，能夠打造事業共同體。阿米巴經營模式源於稻盛和夫創業早年的困境，當時他一個人既負責產品研發又負責市場行銷，當公司發展到 100 人以上時，他覺得苦不堪言，非常渴望有許多個自己的分身可以到各重要部門承擔責任。在這種憂患意識的促使下，稻盛和夫想透過改進改善企業的會計核算制度來對企業進行一定的變革。為此，稻盛和夫推出了「單位時間核算制度」的新會計核算方案，為了配合這個方案的具體實施，他又獨創了阿米巴經營模式。他把公司細分成所

第六節　從僱傭到夥伴—阿米巴經營

謂「阿米巴」的小集體，並委以經營重任，從而培育出許多具有經營者意識的領導者。

阿米巴經營模式成功的關鍵在於透過這種經營模式明確企業發展方向，並把它傳遞給每位員工。每位員工深刻理解阿米巴經營的具體模式，包括組織構造、執行方式及其背後的思維方式。稻盛和夫也想藉此變革，讓企業的組織能夠靈活地應對市場變化，讓獨立核算的部門形成一種經營責任，以便對工作業績進行考核。

二、稻盛和夫是組織賦能的踐行者

稻盛和夫在京瓷獨創的阿米巴經營模式，其本質是一種賦權管理模式。「阿米巴經營」與「稻盛哲學」、「經營會計」一起相互支撐，形成經營「鐵三角」，是一種完整的經營管理模式，是企業系統競爭力的體現。

賦能授權是為了消除員工有效工作的種種障礙，阿米巴員工獨立經營、自主核算的權力，使員工在從事自己的工作時能夠行使更多的控制權。

三、稻盛和夫倡導的是「全員經營」的理念

阿米巴經營就是以各個阿米巴的領導者為核心，讓其自行制定各自的計畫，並依靠全體成員的智慧和努力來完成目標。透過這種做法，第一線的每一位員工都能成為主角，主動參與經營。

在京瓷，稻盛和夫很重視培養員工的經營意識。他認為每位員工都是企業經營不可或缺的基石，阿米巴經營最根本的目的是培養人才，培養與企業家理念一致的經營人才。因此，企業領導者必須要把培養員工

第三章　組織的進化：組織結構變革與賦能

作為企業經營最重要的目標。只有員工具備了經營意識，才能更好地實現企業經營、獲利和生存的大義。

如何培養具有經營意識的人才？在阿米巴經營中，經營權下放之後，各個小單位的領導者會樹立起「自己也是一名經營者」的意識，進而萌生出身為經營者的責任感，盡可能地努力提升業績。

這樣一來，大家就會從作為員工的「被動」立場轉變為身為領導者的「主動」立場。這種立場的轉變正是樹立經營者意識的開端，於是這些領導者中開始不斷湧現出與稻盛和夫一同承擔經營責任的經營夥伴。

如何實現全員參與的經營？如果每一位員工都能在各自的工作職位為自己的阿米巴甚至為公司整體做出貢獻，如果阿米巴領導者及其成員自己制定目標並為實現這一目標而體會到工作的意義，那麼全體員工就能夠在工作中找到樂趣和價值，並努力工作。我們要激勵全體員工為了公司的發展而齊心協力地參與經營，在工作中感受人生的意義和成功的喜悅，實現「全員參與經營」。

四、阿米巴經營建構起夥伴關係

相較於傳統組織結構中的僱傭關係，稻盛和夫在企業中執行阿米巴經營，旨在建構心心相印、相互信賴的夥伴關係，並以此為基礎維持企業運作。在阿米巴經營體系中，同事之間並不是縱向從屬關係，而是朝著同一個目標並肩前進，努力實現共同夢想的夥伴關係，建立這種橫向的夥伴關係就是阿米巴經營成功匯入的基礎。

阿米巴經營讓每個人都樂意為夥伴盡力。阿米巴經營模式倡導「全員經營」，為了夥伴竭盡全力，相互之間形成一種同夥關係，願意為彼此

第六節　從僱傭到夥伴—阿米巴經營

付出不亞於任何人的努力，這才構築了強大的企業集團。

各個阿米巴自主營利，獨立經營，阿米巴之間也會出現競爭。如果阿米巴之間不能互相尊重、互相幫助，就不可能發揮公司整體的力量。因此，從公司高層到阿米巴成員之間，必須透過信任相互連結，這樣才能建構牢不可破的夥伴關係。

案例：京瓷的夥伴式共同經營

日本京瓷由一個個被稱為「阿米巴小組」的組織構成。稻盛和夫在經營京瓷的過程中，獨創了一套以「阿米巴小組」為單位的獨立營利核算體制，各個阿米巴小組之間形成良性競爭，這是京瓷的一大特色。阿米巴經營也使京瓷成為聲名顯赫的大公司。

1. 京瓷的阿米巴小組

「阿米巴」指的是工廠、工廠中形成的最小基層組織，也就是最小的工作單位，一個部門、一條生產線、一個班組甚至到每位員工。

京瓷上萬名員工分別從屬於 1,000 個阿米巴小組。每個阿米巴小組平均由十二、十三人組成，根據工作分配的不同，有的小組有 50 人左右，而有的只有兩三個人。每個阿米巴都是一個獨立的利潤中心，就像一家中小企業那樣活動，雖然需要經過上司的同意，但是經營規劃、實績管理、勞務管理等所有經營上的事情都由他們自行運作。每個阿米巴都集生產、會計、經營於一體，再加上各個阿米巴小組之間能夠隨意分拆與組合，這樣就能使公司對市場的變化做出迅捷的反應。

各個阿米巴小組具體的工作方式如下：每個小組獨立計算原料採購費、設備折舊費、消耗費、房租等各項費用，再由營業額和利潤求

第三章　組織的進化：組織結構變革與賦能

出「單位時間的附加價值」。在公司內部，小組採購半成品按市場價格付款，向下一小組出售也按市場價格。這樣每個小組就可以向下一小組的銷售計算出自己的營業額，按照各種費用的累加，計算出成本，求出利潤。

2. 員工把京瓷當作「自己的公司」

京瓷員工都把京瓷當作「自己的公司」，員工視彼此為志同道合的夥伴，為了公司的發展而齊心協力、共同奮鬥，沒有通常由權力和權威所形成的上下級關係。

管理層把員工當作經營夥伴，正是因為同事之間結成了相互理解、相互信賴的關係，在全體員工中間萌生出了真正的夥伴意識。

3. 阿米巴之間如何避免惡性競爭

阿米巴的員工之間都是經營夥伴，但各個阿米巴之間也存在競爭，稻盛和夫如何避免這些阿米巴之間發生惡性競爭？

阿米巴經營的最大特色和妙處，就在於將作業系統與責任成本核算體系相結合，每一個阿米巴組織都是一個獨立的營利核算單位。

單位時間的附加價值成為激勵員工的動力。透過單位時間核算制度公式，各個部門、各小組，甚至某個人的經營業績變得清晰透明。公司會按月公布各小組每單位時間內的附加價值，列出各個小組當月的經營狀況、每個組員及小組所創造的利潤及其占公司總利潤的百分比等。

每個阿米巴小組的成績雖然有排名，但公司並不因此在薪資、獎金上有差別待遇。對成績好的小組，公司始終堅持只給予他們「對公司有

第六節　從僱傭到夥伴—阿米巴經營

貢獻」的榮譽。對經營業績不佳的阿米巴，公司會嚴格追究責任。稻盛和夫認為這樣做可以避免各個阿米巴之間惡性競爭。

在京瓷，阿米巴經營既提升了員工的成本意識和經營頭腦，又提升了員工的職業道德和個人素養。這兩方面相輔相成，促成了阿米巴經營這種管理方式在京瓷的成功。

第三章　組織的進化：組織結構變革與賦能

本章小結

◎杜拉克與稻盛和夫的相同點：

1. 兩人都重視企業組織變革。組織變革使領導者由控制者轉變為賦能者，透過激起員工的工作動力，進而形成持續的創造力，員工的自主性、創造性和靈活性與組織進行搭配，從而實現組織的創新和發展。

2. 兩人都提倡員工自主經營，將管理的責任和權力下放。杜拉克提倡公司將管理的責任交給員工、班組和員工組成的團隊，企業透過培養出有管理能力的、有責任感的員工，打造「自我管理的工廠社區」。稻盛和夫倡導將組織分成小的集團，透過與市場直接連結的獨立營利核算制進行營運，培養具有管理意識的領導，讓全體員工參與經營管理。

◎杜拉克與稻盛和夫的不同點：

兩人進行組織變革的方式不同。

杜拉克推行事業部制。杜拉克在組織架構上提出了「聯邦分權制」（事業部制），事業部制是較大的聯合公司所採用的一種組織形式，這種管理架構被視為劃時代的機構改革。

稻盛和夫踐行阿米巴經營模式。阿米巴經營模式把公司組織劃分為被稱作「阿米巴」的小集體，同時把各單位的經營權下放給阿米巴領導者，各個阿米巴的領導者自行制定計劃，並依靠阿米巴全體成員的智慧和努力來完成目標。

第四章
分權與授權：讓管理回歸簡單

「授權」這個名詞，通常都被人誤解了，甚至是被人曲解了。這個名詞的意義，應該是把可由別人做的事情交付給別人，這樣才能做真正應該由自己做的事情——這才是有效性的一大改進。

—— 彼得・杜拉克

第四章　分權與授權：讓管理回歸簡單

第一節　分權的效率遠超過集權

　　杜拉克撰寫的《企業的概念》一書就是以美國通用汽車公司為範本。在這本書中，「分權」成為一個非常顯眼的概念，「分權」的概念也具有劃時代的意義。杜拉克將分權的概念發展成為一套工業管理的理論和事業部制的體系。

　　當時正處於第二次世界大戰期間，大部分公司採取的是集權模式。杜拉克在美國通用汽車公司擔任管理諮詢顧問，通用汽車公司分權政策就是「集中政策控制下的分權經營」，杜拉克經過視察發現「分權」的效率遠超過「集權」，而且「分權」從戰時就逐步進入了大公司的經營體系，深受經理人的歡迎。杜拉克認為，大型企業和超大型企業首選的組織模式就是事業部制。

　　杜拉克引進了事業部制之後，這個概念便成為世界上大部分大型企業所依循的組織原則。例如，通用汽車公司進行事業部制的組織改革之後，迅速發展成為美國乃至全世界汽車產業中的翹楚，同時把事業部制推廣到了更廣泛的商業世界中。鑒於通用汽車公司的成功，全球各大企業紛紛效仿，也建立起了事業部制組織結構。杜拉克的「分權」理論和實踐同時推進，美國商業史進入了「管理」的時代。

一、事業部制的分權特點

　　在事業部制中，一家公司由若干自主經營的事業部組成。每個事業部都對自己的工作績效和成果負責。每個事業部都有自己的管理層，這些管理層事實上在經營自己的「自治性企業」。建立「自治性企業」，必須

遵循其實施規則。首先，事業部制需要強大的分部和強而有力的中央。需要中央為整體設定清楚、有意義的目標，強力指導各個事業部。其次，每個事業部應該都富有成長的潛力。再次，管理者在工作上應該有充分的發揮空間和挑戰。最後，各個事業部應該並行，每個單位有自己的任務、市場和產品，同時彼此競爭。

以下兩點展現了在事業部制中，集權管理和分權管理的特點。

(1)「集權管理」表現為總公司的集中管理。

「集權管理」的表現在於行政、資金、利潤、風險管理四個方面。其中，行政管理方面表現為，總公司職能部門和事業部負責人對分支機構實行雙重領導；資金管理方面表現為，總公司對各事業部的資金總額進行核算，各事業部只能按總公司核算的數字保留一定量的資金，多餘部分歸屬於總公司；利潤管理方面表現為，總公司定期向各事業部下達利潤考核指標，各事業部據此制定出一定利潤率的經營規劃，報總公司批准後即要全部負責，對於自留利潤，各事業部可在內部統籌使用；風險管理方面表現為，總公司對事業部的經營活動要承擔法律責任，包括重大專案的運作和重要經濟合約的簽訂。

(2)「分權管理」表現為事業部自主經營。

在事業部制中，總公司與事業部之間實行分權制。總公司決定全公司的經營目標和策略，分配事業部的資源，制定對事業部工作效率的評價標準等。「分權管理」表現為事業部自主經營。各事業部作為獨立的利潤中心，都實行嚴格的成本費用及利潤核算，有一定的生產、經營許可權；各事業部之間進行合作時應模擬市場交易，按照市場規律運作；事業部負責人對該事業部下屬各部門的負責人有人事決定權；事業部各

第四章　分權與授權：讓管理回歸簡單

下屬部門和總公司（母公司）職能部門不實行上下的管理，只對事業部負責人負責，以充分保證事業部負責人的自主權。事業部在自身產品的生產和經營方面有很大的自主權。

二、事業部制分權管理的完善

根據國內外事業部制的管理經驗和實踐，企業需要賦予事業部完整功能，完善事業部的分權管理，進一步明確各個層次的責、權、利，同時建立有效的激勵約束機制，充分調動各個層次的積極性。

(1)完善企業總部職能，為事業部提供強而有力的支持。

從整體功能定位來看，完善總部功能，著重於策略管理、企業文化建設等總體管理工作。

第一，強化策略管理功能，清晰劃分策略管理層次。即總部負責公司整體策略的制定，決定公司的發展方向和經營領域；各事業部負責業務層次策略的制定，根據業務投資組合，決定業務的競爭策略。

第二，調整綜合管理部門的職責範圍，實現企業總部職責分層次設計。企業總部的決策和管理，大部分透過各種專業小組以矩陣方式進行，這種團隊式的工作小組，更有利於組織的快速決策和反應。

第三，強化企業文化建設。形成企業文化建設的體系格局，重新定義公司的核心理念，統一制定公司精神和行動準則，加強文化引導和灌輸，以簡單清晰、特色突出的描述影響員工的行動，甚至影響員工的文化信仰層次等。

(2)推進事業部職能到位，實施分權管理。

從事業部職能定位上，事業部最終應成為利潤中心或者投資中心。事業部在公司總體策略指導下，負責制定業務層次的競爭策略，確定具體的實施計畫和方案；統籌、協調、管理和指揮本事業部內的生產、研發和行銷活動，對利潤和回報率負責；及時向總部反應市場變化資訊，積極配合總體策略計畫的制定等。

在事業部制中，企業將責權劃分進一步細化到每個事業部和職位，可透過編製統一的授權手冊或與各級人員簽署意向書，明確每個職位（職位）的任務、責任和許可權等，有效實施分權管理。

第四章　分權與授權：讓管理回歸簡單

第二節　決策權應該盡可能地下放

決策在現代企業管理中有著重要的地位和作用。管理就是決策，決策是管理的中心。決策貫穿管理過程的始終，存在於一切管理領域，存在於管理中的每一個方面、每一個層次、每一個環節；決策不僅確定管理的方向和目標，還為達到管理目標提供行動方案，並改善方案。

一、決策權下放，將領導層從日常事務中解放出來

很多企業在創業早期，採取直線式管理，企業負責人既抓銷售又抓生產，這種集權式管理曾發揮過「船小掉頭快」的優勢，但是當企業規模擴大以後，生產仍由企業總部統一管理，由總部統一銷售，就容易造成產品生產和銷售脫節。

在經濟全球化的今天，發展壯大的企業開始採取事業部制。企業在向客戶提供服務時，需要擁有幾乎完全獨立的自主權，獨立的程度超過了傳統意義上的分權化管理方式。每一個事業部經營者都成為「老闆」，企業的其他部門圍繞事業部經營者的指令開展工作。

杜拉克主張減少組織決策層級與授權，將決策權交給員工。他說：「決策權應該盡可能地下放，並盡可能地由負責行動的人來做出決策。」

事業部擁有更大的自主權和決策權，有利於企業最高領導層擺脫日常行政事務和具體經營工作的繁雜事務，同時又能使各事業部發揮經營管理的積極性和創造性，從而提升企業的整體效益。各事業部自主經營，責任明確，使得目標管理和自我控制能夠有效地進行，在這樣的條件下，高層主管的管理幅度可以適當擴大。

二、決策權下放，為員工帶來極大的激勵

企業將決策權交給員工，將帶來極大的激勵作用。

第一，增強員工的凝聚力。企業組織的特色是把來自四面八方的人統一在共同的組織目標之下，使之為實現企業發展目標而努力。因此，企業組織的成長與發展壯大，依賴於組織成員的凝聚力。員工激勵則是形成凝聚力的有效措施。有效的激勵，可以使組織目標成為員工追求的信念，進而轉化為員工奮鬥的動力，並推動員工為實現組織目標而努力。

第二，提升員工的自覺性和主動性。企業透過激勵，可以使員工意識到在實現組織效益最大化的同時，也可以為自己帶來切實的利益，從而統一員工的個人目標與組織目標，有效激發員工的主動性和創造性。

第三，挖掘員工潛力。企業透過激勵，可以使員工充分挖掘潛力，不斷提升自己的工作能力和績效，激發員工持之以恆的工作熱情。

彼得・杜拉克說：「管理者要做的是激發和釋放人本身固有的潛能，創造價值，為他人謀福祉。這就是管理的本質。」

企業管理者的最大任務不是對人的控制，而是最大限度地激勵員工。即透過各種有效的手段和措施，對員工的各種需求予以不同程度的滿足，以激發員工的需求、動機、欲望，從而使員工保持飽滿的熱情和積極的工作態度，充分挖掘潛力，全力達到預期目標。

真正的管理不是控制，而是釋放。企業將決策權下放，透過激發員工的潛能，鼓勵員工勇於創新，不斷創造價值，這才是管理的本質。

第四章　分權與授權：讓管理回歸簡單

第三節　稻盛和夫如何有效分權

稻盛和夫創立京瓷，並且使公司快速發展。他希望盡可能多地培養出像自己一樣承擔公司經營責任，並具有身為「共同經營者」意識的領導者。稻盛和夫的想法是「如果能像《西遊記》裡的孫悟空一樣，拔下自己的毛髮吹一下，就能變出無數個分身就好了⋯⋯」

一、阿米巴經營就是一種量化分權模式

稻盛和夫認為，企業根據需求把組織劃分成若干個小單位，把公司重組成類似一個中小企業的聯合體，把各單位的經營權下放給阿米巴領導者，從而培養具備經營者意識的人才。

稻盛和夫獨創的阿米巴經營，其本質是一種量化分權模式。稻盛和夫所說的下放企業經營權，其實質是企業分權與集權的統一。

首先，戰術層面的分權，透過阿米巴經營劃分出若干個獨立核算、自主經營的阿米巴，以此調動員工的積極性，全員參與；其次，策略層面的集權，企業領導者依然掌控公司策略發展的方向。阿米巴經營的分權是在集權領導下的分權，阿米巴經營的集權是在分權基礎上的集權。

二、阿米巴經營如何有效分權

稻盛和夫如何有效分權，總結為如下三個要點：

第一，以各個阿米巴的領導者為核心。企業給阿米巴領導人授權，讓其自行制定各自的計畫，並依靠全體成員的智慧和努力來完成經營目

標。透過這種做法，生產現場的每一位員工都成為主角，主動參與經營，進而實現「全員參與經營」。

第二，每個阿米巴組織都像一家小企業。在阿米巴經營模式中，阿米巴組織自主經營、獨立核算，阿米巴組織就像一家小企業，有經營者，有銷售額、成本和利潤。企業不僅考核到阿米巴組織領導人，而且考核到每位成員每小時產生的附加價值。這樣就可以真正落實「全員經營」的方針，發揮企業每一位員工的積極性和潛在的創造力。

第三，每個阿米巴組織都承擔銷售責任，人人都是經營者。阿米巴經營把「銷售額最大化，費用最小化」作為經營的原點，以每個阿米巴組織甚至每位員工為統計銷售額與費用的單位，使得每個人都為企業的績效與利潤做出貢獻。阿米巴經營把原本屬於企業的事、業務部門的事，變成了企業每個阿米巴每個人的事情，從而激發員工的潛能，幫助企業持續盈利。

第四章　分權與授權：讓管理回歸簡單

第四節　全員參與經營的力量

在阿米巴經營中，稻盛和夫不是追求簡單的分權，他追求的是「全員參與經營」，讓人人都成為經營者。「阿米巴經營」能夠提升員工參與經營的積極性，增強員工的動力，為了公司的長遠發展，每個人都竭盡全力。

為了鼓勵員工的創造性和積極性，稻盛和夫要求每個阿米巴都獨立自主地進行經營，每個人都為經營出謀劃策，並參與制定經營計畫。阿米巴經營並非少數人的經營，而是全體員工共同參與經營。當每個人都透過參與經營而得以實現自我，全體員工全力以赴地朝著一個目標努力的時候，企業的目標就能得以實現。

如果每一位員工都能在工作職位上全力以赴，為所屬的阿米巴乃至為公司整體做出貢獻，如果每一個阿米巴領導者透過制定經營目標，並為實現這一目標而付出不亞於任何人的努力，那麼他們就能夠在工作中找到樂趣和價值，體會到工作的意義，就會積極主動地參與經營活動。

一、全員參與經營的前提條件

全員參與經營有兩個前提條件。

第一，企業經營者的寬闊胸懷和人格魅力，激發員工參與經營的意識。稻盛和夫認為，企業經營者必須具備「在追求全體員工物質和精神兩方面幸福的同時，為人類和社會的進步與發展做出貢獻」的明確信念。企業領導人的公平無私是啟動員工積極性的最大動力，能夠激勵全

第四節　全員參與經營的力量

體員工為了公司的發展而齊心協力地參與經營，也是實現全員參與經營的首要條件。如果一個企業的領導人自私自利、刻薄多疑，全員參與經營就無從談起。

第二，遵從共同的經營哲學理念。稻盛哲學裡有「以心為本的經營」、「夥伴式經營」、「玻璃般透明的經營」以及「動機至善，私心了無」等內容。稻盛和夫在京瓷、日本航空公司帶入阿米巴經營時，首先要進行經營哲學的宣達教育，目的是讓全體員工形成共同的經營哲學理念和價值觀。

在實施阿米巴經營時，需要協調利己和利他、協調部門利益和整體利益的辯證法，需要「作為人，何謂正確」這種高層次的哲學，這是實現全員經營的基礎。如果各個「阿米巴」以及「阿米巴」內部的每一位成員，只考慮自己的業績，缺乏為別人、為別的「阿米巴」以及為企業整體著想的「利他之心」，全員經營就難以真正實行。

二、全員參與經營的要點

阿米巴經營模式能夠實現「全員參與經營」，主要採取以下五個步驟：

第一，每個阿米巴都是一個獨立的利潤中心。每個阿米巴都像一家中小企業那樣活動，雖然需要經過上司的同意，但是經營規劃、實績管理、勞務管理等所有經營上的事情都由他們自行運作。

第二，每個阿米巴都集生產、會計、經營於一體，再加上各個阿米巴小組之間能夠隨意分拆與組合，這樣就能讓公司對市場的變化做出迅捷的反應。

第四章　分權與授權：讓管理回歸簡單

第三，阿米巴不僅進行成本管理，還要想方設法地把實際成本做到比標準成本更低，以最少的費用完成訂單，以最少的費用創造最大的價值，從而達到附加值的最大化。透過這個過程，阿米巴組織成為一個不斷挑戰的創造性團隊。

第四，各個小組所創造的利潤及占公司利潤百分比的情況一目了然。透過單位時間核算制度公式，各個部門、各小組，甚至每個人的經營業績變得清晰透明。阿米巴經營是一種全員參與的經營體系，每位員工都要充分掌握自己所屬的阿米巴組織目標，在各自職位上為達到目標而不懈努力，在工作中實現自我。

第五，使員工對自己的工作成果有實在的了解，從而激勵員工更加努力地工作。

阿米巴經營模式實現全員參與經營，形成一股強大的力量，既提升了員工的成本意識和經營頭腦，又提升了員工的職業道德和個人素養。這兩方面相輔相成，使實施阿米巴經營的京瓷、日本航空公司都獲得了快速發展。

第五節　有效授權，持續提升經營效率

　　授權，即為了追求企業的整體利益而給予員工更多參與決策的權力。其出發點是企業自上而下地釋放權力──使員工自主工作、自主經營的權力。

　　關於授權，杜拉克有一套理念和方法。杜拉克認為，有效的管理者應該著眼於全域性，而不是讓自己成為一個「全能」的領導者。若不適當授權，一方面阻礙了下屬的積極性，另一方面也容易失去員工的信任。

　　杜拉克在《卓有成效的管理者》一書中明確指出：「授權」這個名詞，通常都被人誤解了，甚至是被人曲解了，這個名詞的意義，應該是把可由別人做的事情交付給別人，這樣才能做真正應該由自己做的事──這才是有效性的一大改進。

一、學會授權給部屬，解放自己

　　如何對知識型員工進行最簡單有效的管理？杜拉克認為：「讓經理人狂熱工作的唯一方法就是給他們更多的自由和責任。」這句話詮釋了管理的真諦，那就是要學會授權給部屬，解放自己，任用部屬，走出一手包辦、忙碌不堪的管理失誤。

　　事業部制是一種打破集權的分權體制，事業部則是一個自主經營、獨立核算的業務單位，事業部負責人需要根據市場狀況做出經營決策。所以，事業部應取得配套許可權，這就涉及公司總部如何向下授權的問題。

第四章　分權與授權：讓管理回歸簡單

企業總部放權，即企業總部與事業部之間做好許可權劃分，這是事業部製得以確立及有效執行的保障。恰當授權、配套授權是事業部制持續發展的必要手段。而對事業部授權不當，將直接影響事業部決策及第一線營運效率，降低團隊積極性，甚至導致事業部制模式功虧一簣。

對於企業家來說，不要總想一個人獨攬大局，需要建立人才團隊，培養和複製關鍵人才，然後授權給他們去自主經營、獨立核算，並對自己的表現負責。幫助下屬成功就是幫整個公司成功，也是個人的最大成就。決策者透過有效的授權，可以將一些瑣碎的、制式化的事情交給下屬，讓自己有足夠的時間專注處理重要的、有挑戰性的任務。這樣可以提升工作效率，降低工作成本，還能提升員工的積極性和創造性。從長遠來看，有利於為企業培養更多具有經營意識的人才。

二、目標管理中的授權

在企業管理研究與實踐中，杜拉克總結和歸納出管理的兩大原則：專門化與人性化。企業除了應遵循專門化管理的原則，還要設法注入人性化的技巧，才可使經營效率達到最佳狀態。

管理的最終目標在於提升經營績效，管理者在進行種種決策、運用資源及協調工作上，需要有授權與目標管理的觀念，管理者有效授權才可達到專門化與人性化的兩大原則。

在目標管理中，授權的必要性表現如下：

第一，授權是完成目標責任的基礎。權責統一，才能保證員工有效地實現目標，提升經營效率。

第二，授權是激發員工積極性的必須。目標管理對人的激勵，是透

過激勵員工的動機,將員工的行為引向目標來實現的。目標是激發這種動機的誘因,而授權是實現目標的條件。

第三,授權是提升員工能力的途徑。目標管理是一種能力開發體制,這主要是透過目標管理過程中的自我控制、自主管理實現的。要實行自我控制與自我管理,目標責任者必須有一定的自主權。這樣將促使目標責任者對全盤工作進行總體規劃,改變靠上級指令行事的局面,有利於目標責任者能力發揮並不斷提升。

第四,授權是增強員工的應變能力和經營意識的重要條件。現代管理環境情況多變,要求管理組織系統有很強的適應性和應變能力,而實現這一點的重要條件就是各級管理者手中要有經營自主權,這樣才能提升管理者的經營意識。

三、企業領導者的授權藝術

企業領導者的授權藝術,關鍵在於授權的靈活性,即領導者應根據特定的環境和條件,靈活運用各種方法和技巧,最終實現科學有效的授權,取得理想的領導效果。

企業領導者的授權藝術,體現在以下三個方面:

(1)擴大管理幅度,減少組織層級,達成組織的扁平化發展。

傳統的組織結構是科層制組織形態,其組織層級增多,機構臃腫,從而導致組織的控制、溝通以及協調性極差,難以適合網路時代的快速運作。

杜拉克所提倡的事業部制是倒三角組織架構,能夠擴大管理幅度,減少組織層級,實現組織的扁平化發展,這也是現實環境的實踐需求。

第四章　分權與授權：讓管理回歸簡單

管理幅度的擴大在某種程度上取決於領導者的授權程度。如果領導者善於把自己的管理許可權靈活地授予下屬，讓下級充分享有自主權，則領導者本人需要處理的事情就相對減少，管理幅度自然就可擴大，組織層級亦可減少，從而有利於達成現代組織扁平化的發展目標。

(2)科學有效的授權，確保領導行為的科學性和有效性。

諸葛亮可謂聰明絕頂之人，軍國內外萬機之務，事無鉅細，莫不歸他所管。但他這種不分鉅細、事必躬親的領導作風，不僅沒有挽救蜀漢的危亡，反而使得自己陷入「鞠躬盡瘁，死而後已」的悲壯境遇。

在傳統的金字塔組織架構中，領導者事必躬親的領導方式已經不能適應行動網路時代的要求。如果企業領導者不能分清工作的重點和關鍵，整天忙於處理工作中的瑣碎小事，只會因小失大，嚴重影響領導者行為的科學性和有效性。因此，企業領導者應該進行科學有效的授權，減輕自己的工作負擔，從而專注於企業策略規劃，確保在關鍵事項上的工作效率。

(3)科學有效的授權，提升下屬員工的工作熱情。

根據馬斯洛（Abraham Maslow）的需求層次理論，處於最高層次的需求是「自我實現」。如果一個員工長期處於領導者的制式化命令支配下，將會情緒低落，容易產生厭倦反應，引起上下級之間關係的僵化和緊張，嚴重影響工作效率。

因此，企業領導者要用合理科學的授權，讓下屬在一定的約束機制下充分發揮自身的潛力和自主動力，積極主動地完成工作，從而滿足自我實現的需求。企業領導者在充分激發員工工作熱情的同時，也贏得了下屬員工的尊敬，改善了整個企業組織的工作環境。

第六節　授權的邊界

　　稻盛和夫在《阿米巴經營》一書中闡述，公司規模擴大，光靠經營者和各部門負責人管理整個公司，感覺力所不能及的時候，就可以把組織細分成幾個小的運作單位，讓他們獨立核算，那裡的領導人就能正確地掌握自己單位的情況。

　　這就是稻盛和夫渴望授權給員工的原因。被授權經營，單位領導人就會產生「自己也是經營者一員」的意識，就會萌生身為經營者的責任感，盡力去提升自己部門的業績。從員工的「要我做」的立場變成領導者「我要做」的立場，這種從被動到主動的轉變就是經營者意識的開始。

一、如何掌握授權的界線

　　稻盛和夫對授權管理也格外重視。稻盛和夫認為，人總有鬼迷心竅的時候，也會犯錯。所以在公司內部確立了雙重確認原則，即採購、財務、印章等方面的管理，需要至少兩人監督確認。此外，京瓷也提倡領導者要身先士卒，不能完全放權給現場。所以京瓷的授權管理，可謂收放有度。

　　授權給企業員工，即賦予他們更多額外的權力，尤其是阿米巴組織獨立經營、自主核算的權力。從阿米巴經營的角度來看，授權是為了消除妨礙員工們更有效工作的種種障礙，使員工在從事工作時能夠行使更多的控制權。

　　企業家學會授權，就需要明確劃分授權的界線，做好緊急備案。例

第四章　分權與授權：讓管理回歸簡單

如，阿米巴領導者要了解員工做這件事的時候會遇到什麼情況，在員工思考回答的基礎上，明確什麼情況下需要請示，什麼情況自己做主。這是在清楚劃分授權的界線。

二、阿米巴領導人如何授權

稻盛和夫創立阿米巴經營，追求的就是「全員參與經營」，這就涉及企業與阿米巴組織之間、阿米巴組織內部的授權問題。

阿米巴領導人如何授權，主要有如下四點：

(1)授權有度，依據員工的能力授權。

阿米巴組織的授權，意味著上級阿米巴領導者將自身一部分權力委授給下級阿米巴或員工去開展某一項具體工作，從而在一定程度上接受權力的下級就代表了上級領導者甚至是整個阿米巴組織的意志和行為。下級員工能力的強弱將直接決定授權目標能否實現。

因此，阿米巴領導人在授權前，應對下級阿米巴或員工的實際能力進行系統性、科學化的考察，按照下級員工所掌握的資源或能力進行適度合理的授權，防止出現超出下屬能力範圍的過度授權，避免盲目委授權力，為阿米巴組織以及企業帶來不必要的損失。

阿米巴經營中的合理授權，即遵循「疑人不用，用人不疑」的原則，對具備實際能力的下屬員工予以充分信任，放手讓他們大膽獨立地完成任務，並幫助其創造良好的條件，這就是阿米巴經營的精髓。

(2)明確權責，責權同授。

權責統一是管理學的一個重要原則。在阿米巴經營中，權責明確，權責同授亦是一個重要原則。

阿米巴領導人授權的事項必須明確，要讓下級阿米巴或員工清楚地知道他的工作是什麼，他有哪些職權，對工作的完成負有哪些責任，他必須做到什麼程度等等。

如果在阿米巴經營中，權責不明確，或者出現授責不授權的情況，只能導致下級阿米巴的工作因缺乏必要的權力而難以推進，或者授予下級的權力過大而缺乏相應的責任約束，可能脫離企業領導者的控制。

因此，阿米巴領導者的科學授權必須堅持權責統一的原則，以必要的責任約束下屬的權力，使得整個授權行為都圍繞授權目標進行，確保授權的有效性。

(3)實行適度監視，可控授權。

阿米巴領導者適當地向下級阿米巴授權以後，更應時刻關注全面性的計畫，對可能出現的偏離目標的區域性現象進行協調，對被授權者實行必要的監督和控制。

例如，上級阿米巴領導者對授權對象建立有效的控制，首先應當確保上下級之間溝通管道的暢通：上級阿米巴領導者應當陳述決策內容，明確授權含義；而下級阿米巴或員工則應當經常向上級報告具體工作進度和工作計劃，確認工作目標。

有效授權控制還應包括經營權力的回收問題，即當下級阿米巴或員工工作嚴重失誤時，上級阿米巴領導人應立即收回經營權力或完全接手工作。

(4)以級授權，逐級授權。

企業經營中，強調領導和管理過程中的上級領導下級，下級服從上級的層級原則。阿米巴經營的授權，也不能違背這一原則，即上級阿米巴領導者不能越級授權，且授予下級的權力應當在自己的職權範圍內，

第四章　分權與授權：讓管理回歸簡單

不能將自己所不具有的權力授予下級。

如果在經營過程中，出現上級領導者授予下級超越自己職權範圍的權力，就會嚴重擾亂正常的上下級關係，引起阿米巴組織管理混亂。

因此，在阿米巴經營中，進行組織授權時應堅持以級授權，逐級授權的原則，防止越級授權的出現。

案例：讓前線呼喚炮火

以一間電子產品公司為首，一批產業領袖級企業正在發起一場管理變革，從釋放基層單位的活力著手，從整體上推動公司快速適應市場變化。

這間公司不斷推進組織變革，下移管理重心，推動機關從管控型向服務型、支持型轉變，加大向第一線的授權，讓聽得見炮火的組織更有責、更有權；讓最清楚戰場情勢的主管指揮作戰，從而提升整個組織對機會、挑戰的反應速度。同時加強在前線作戰面的流程整合，提升前線端到端的效率，使客戶更容易、更方便與之做生意。

它的組織變革趨勢，可由以下四個方面看出：

1. 讓前線呼喚炮火

公司聘請第三方諮詢機構為自己設計了基於客戶導向的研發、供應鏈和財務流程，前端的市場流程則借鑑美軍的新軍事變革成果，「讓前線呼喚炮火」，並實現了後端平臺與前端流程的對接。即要讓那些掌握機會的人來指揮作戰，而不是那些掌握資源的人來指揮作戰。

建立以專案為中心的運作機制，向基層釋放更大的權力。他們努力加強改善客戶服務，以客戶經理、解決方案專家、交付專家組成的工作

小組，形成面向客戶的「鐵三角」作戰單位，有效地提升了客戶的信任，較深地理解了客戶需求，關注良好有效的交付和及時的收款。鐵三角的精髓是為了目標打破功能壁壘，形成以專案為中心的團隊運作模式。

2. 前線「鐵三角」要具備敢打能打的能力

「鐵三角」可以說就是三隻小狼，整天盯在客戶身邊，靠敏銳的嗅覺和恆久的毅力，一旦發現機會，就開始呼喚炮火。

關於前線的作戰，其創始人說，要從客戶經理的單兵作戰轉變為小團隊作戰，要加強各方面的綜合能力：

(1)客戶經理要加強行銷四要素：客戶關係、解決方案、融資和收款條件交付的綜合能力，要提升做生意的能力。

(2)解決方案專家要有所專長並觸角廣泛，對自己不熟悉的專業領域要打通求助的管道。

(3)交付專家要具備能與客戶溝通清楚程序與服務的解決方案的能力，同時對後臺的可承諾能力和交付流程的各個環節瞭若指掌。

(4)其他非主業務的人員，要加強對主業務的了解，了解達不到一定深度的，不能成為管理幹部及骨幹。

透過「鐵三角」模式，激發出全體幹部和員工的活力，使組織生龍活虎，為客戶創造更高的價值。

3. 前線「最高權力機構」─區域聯席會議

商場上的戰場有很多，都在呼喚炮火，那麼，資源怎麼配置？為了解決這個問題，這間公司設立了前線「最高權力機構」──區域聯席會議。這是模仿美國的參謀長聯席會議而建立的。

第四章　分權與授權：讓管理回歸簡單

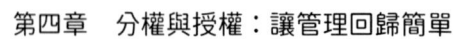

美國軍事權力最高機構是參謀長聯席會議，而不是空軍司令部、海軍司令部或陸軍司令部。這家公司把所有其他機構都變成了後勤，包括研發、生產、設計、人力資源等部門。

4. 賦能授權前線員工，保證前線戰鬥力

為了保證前線的戰鬥力，還要不停地為前線人員賦能授權。

賦能就是要讓忠誠的士兵有機會成為專家或將軍。廣泛來說，最重要的是基於流程和場景的職位賦能。

大部分的員工都在職位上經過打滾摸索，累積了一定的經驗，但沒有整體方法論的指導，也沒有進行系統性的學習。因此，需要把一些人抽回來賦能，再重新走向職位。同時這些員工也可以透過網路等平臺提供的自學資源，進行自我賦能。

從角色分類來說，職位賦能有職位轉身賦能、專家賦能、幹部賦能，以及給英雄和破格提拔者等特殊族群賦能。

經過了戰場的實踐歷練，又經過了強化培養，這些員工重新回到戰場時就有了理論連結現實的能力。

這種「前線呼喚炮火」的組織活力，也正是讓企業發光發熱的動力之源。

本章小結

◎杜拉克與稻盛和夫的相同點：

　　兩人都重視分權管理。杜拉克認為，有效的管理者應該著眼於全域性，而不是讓自己成為一個「全能」的領導者，應該讓員工分擔管理的責任。稻盛和夫認為，人難免會犯錯，所以在公司內部確立了雙重確認原則，即採購、財務、印章等方面的管理，需要至少兩人監督確認。

◎杜拉克與稻盛和夫的不同點：

　　兩人進行分權管理的方式不同。

　　杜拉克提出透過事業部制進行分權管理，包括按產品、按地區、按顧客（市場）等來劃分部門，設立若干事業部，讓這些事業部管理者獨立經營，自我管理。

　　稻盛和夫透過阿米巴經營進行分權管理，將龐大的企業分解成若干個阿米巴，賦予每個阿米巴以經營權、定價權、決策權，在企業內部引入市場機制，讓眾多的阿米巴都活躍起來，成為企業的利潤中心。

第四章　分權與授權：讓管理回歸簡單

第五章
啟用關鍵人才：培養經營者的分身

> 經理人是企業中最昂貴的資源,而且也是折舊最快、最需要經常補充的一種資源。企業的目標能否達成,取決於經理人管理的好壞,也取決於如何管理經理人。
>
> —— 彼得・杜拉克

第五章　啟用關鍵人才：培養經營者的分身

第一節　企業器重的關鍵人才

彼得·杜拉克認為，組織的目的是使平凡的人做出不平凡的事。組織不能依賴天才，因為天才稀少如鳳毛麟角。考察一個組織是否優秀，要看其能否使平常人取得比他們自認為更好的績效，能否使其成員的長處都發揮出來，能否利用每個人的長處來幫助其他人取得績效。

組織不能依賴天才，而要器重關鍵人才。關鍵人才是企業人才隊伍中高價值的部分，是企業競爭能力和經濟效益的主要創造者和驅動者。他們擁有傑出的經營管理才能、高超的專業技術能力和豐富的操作經驗，在關鍵職位上對員工隊伍發揮著引領作用。既能支撐企業策略發展，適應業務轉型需求，又能主導企業重大專案或掌握關鍵技術，解決企業重大和疑難問題。

一、卓越有效的領導者具有哪些特徵

對於人才，杜拉克是這樣定義的：「有效領導的基礎是對組織的使命進行全面思考，並且要清晰明確地定義和建立組織使命。領導者要確立目標、釐清優先權、確定並保持標準。」

杜拉克認為卓越有效的領導者必須符合以下特徵：

第一，企業領導者要將領導視為一種責任，而非職位或者特權。首先，企業領導者決定組織的高效運轉。其次，領導者有責任為企業和員工指引發展方向，鼓舞人心。最後，在企業遇到危機的情況下，一個優秀的領導者有責任用他的能力和影響力帶領企業擺脫危機。

第二，企業領導者能為所有人提供幫助，讓每個人都可以成功。身為企業領導者，需要把員工視為可成長的人，真心幫助員工成長，就是在成就員工。員工在成長的過程中，會對企業加深了解，對企業的各種流程也會更熟悉。透過這個過程，員工產生成就感和歸屬感，也更願意加入團隊。

第三，有效的領導者最重要的任務是開發人的潛能，並讓這些能量為團隊所用。身為領導者，一定要學會挖掘員工的潛能，讓他們提出更好的構想，充分發揮自己的才能。

第四，有效的領導者還需要贏得信任，否則他就不會有追隨者，並且，領導者的唯一定義就是擁有跟隨者。信任一個領導者並不一定要喜歡他，也不必要總是與他意見一致。信任是堅信領導者言行一致。

二、關鍵人才的界定方式

關鍵人才不僅具有企業人才的特點，還具有其特殊性。關鍵人才具有比其他員工更強的競爭性，必須建立有利於關鍵人才彼此合作的創造性方式。在企業中，往往是20%的關鍵人才創造了80%的效益。

關鍵人才的重要性不言而喻，那麼關鍵人才有哪些界定方式呢？

（1）關鍵人才稀有性和關鍵人才價值矩陣法。

這種方法從兩個面向來區分人力資源的關鍵程度：一是關鍵人才的稀有性；二是關鍵人才的價值。所謂關鍵人才的稀有性，指的是企業很少擁有的或者企業很難短期培養的人才；所謂關鍵人才的價值，指的是成本收益比很高的人。根據這兩個面向，企業可以把自己的人力資源分為四種組合：第一種是價值很低也不稀有的人力資源；第二種是價值很

第五章　啟用關鍵人才：培養經營者的分身

高但不稀有的人力資源；第三種是價值很低但很稀有的人力資源；第四種是價值很高也很稀有的人力資源。往往將最後這種組合的人力資源定義為關鍵人才。

(2)高價值、高績效、高素養。

關鍵人才一般具備「三高」（高價值、高績效、高素養）特質。關鍵人才是企業的核心價值。在企業發展過程中，關鍵人才透過其高超的專業素養和優秀的專業經理人操守，為企業做出卓越貢獻。

高績效的關鍵人才能夠批判性、創造性、策略性地思考問題，這樣能夠發揮他們最大的潛力。他們往往對那些能夠拓展他們的才智、滿足他們成就感的工作非常感興趣。

關鍵人才通常具有相對良好的教育背景，具備優秀的職業素養，是企業中最富活力的一群人，而且傾向於擁有靈活、自主的組織結構和工作環境。

關鍵人才所處的位置、所扮演的角色、所擔當的責任、所發揮的作用具有特殊性。他們不是掌握企業的經營決策大權，就是處在企業業務鏈中的關鍵環節。對於企業來說，他們是難以輕易替換的員工。

(3)擁有核心能力以及企業策略實施不可或缺的人。

關鍵能力是一個專門的概念，指的是能夠驅動或直接為顧客帶來特別價值的技術與知識，它是能夠幫助企業獲得競爭優勢的關鍵能力。有差別和有競爭力是關鍵能力的關鍵特徵。

(4)按照管理層級或者職位層級來確定關鍵人才。

企業根據管理層級或者職位層級的高低來確定關鍵人才。例如，在企業中，層級越高的管理者，就越有可能被視為關鍵人才。這樣的職

位即肩負更大責任，發揮更大作用，對企業競爭起到更深遠的影響的職位。

（5）按照業績高低來確定關鍵人才。

企業根據員工的歷史業績和當前業績來確定關鍵人才。對公司主要業績高低產生著決定性影響或作用的人就可能被視為關鍵人才。

（6）按企業策略週期來劃分關鍵人才。

依據不同策略週期，企業所需要的核心競爭力的類別和強度不同，對所需的關鍵人才隊伍的種類、結構和數量也會有差異化要求。根據這種方法，可以明確劃分出不同時期所需的關鍵人才。

企業不同策略階段所需要的關鍵人才，往往由企業的產品差異、業務模式差異和產業競爭需求差異所決定。

三、關鍵人才的複製能力決定了企業發展能力

企業核心競爭力本質上是在策略、人才、管理、技術等基礎上形成的保持企業長期競爭優勢的能力，其中獲得人才優勢是打造企業核心競爭力的關鍵環節。要獲得人才優勢，企業需要關注關鍵人才的複製能力。

一家企業的關鍵人才複製能力決定了這家企業的發展能力。企業的發展能力，也稱為企業的成長性，它是企業透過自身的生產經營活動，不斷擴大累積而形成的發展潛能。關鍵人才的複製能力對企業發展能力具有決定性作用。越來越多的企業為了獲取人才優勢，提升企業核心競爭力，把企業的關注點聚焦在關鍵人才的複製上。

關鍵人才的複製能力的提升是企業發展能力提升的前提。關鍵人才

第五章　啟用關鍵人才：培養經營者的分身

複製是在現有關鍵人才正在發揮作用時做好人才儲備，當現有關鍵人才出現變動時，能及時將儲備的人才補充上去，保證企業人力資源的延續性。企業需要建立關鍵人才複製的管理機制，提升各類人才的積極性，在保留關鍵人才的基礎上，有計畫、有步驟地對儲備人才進行培養，確保各類人才持續供給，從而不斷提升企業核心競爭力和可持續發展能力。

企業要快速發展，就要突出創新驅動，加快轉型更新，企業間的競爭已從比拚自然資源發展到比拚人才。對於企業來說，創新是企業的靈魂，技術是企業的核心，產品是企業的主導，這也是企業提升核心競爭力的關鍵，而這一切的主體是關鍵人才。這就要求企業必須在人才管理方面不斷地創新，打造一個既有創新力又具學習性，並且是高素養、高能力、高凝聚力的關鍵人才隊伍。

第二節　培養與開發未來所需要的人才

杜拉克說：「任何一個組織對成效的要求往往表現在以下三個方面：直接成果；樹立新的價值觀以及對這些價值觀的重新確認；培養與開發未來所需要的人才。」

培養與開發未來所需要的人才，其意義首先在於提升企業自身的人才內部生成能力，從而搶先獲得市場競爭所需要的人才優勢。沒有人才優勢，哪裡來的競爭優勢？其次，透過複製關鍵人才、打造關鍵人才隊伍來最大限度地提升人才的價值，即人力資源的效益，提升人才的產出。

一、培養經營人才的重要性

彼得‧杜拉克認為，經理人是企業中最昂貴的資源，也是折舊最快、最需要經常補充的一種資源。

企業的目標能否實現，取決於經理人管理的好壞，也取決於如何管理經理人。同時，企業對其員工的管理如何，對其工作的管理如何，也主要取決於經理人的管理及如何管理經理人。

杜拉克強調，認真負責的員工的確會對經理人提出很高的要求，要求他們真正能勝任工作，要求他們認真地對待自己的工作，要求他們對自己的任務和成績負起責任來。

第一，管理不是「管理人」，而是「領導人」。管理者的任務是發現每位員工的長處，把合適的人放在合適的位置予以培養，激發、釋放員工

第五章　啟用關鍵人才：培養經營者的分身

的潛能。管理者應該運用策略支持員工工作，而不是貼身地管控員工、監督員工。

第二，經理人要明確權力和責任，明確地授予員工一定的工作許可權，以及他的決策範圍，由此激發員工的潛能。經理人要慎重地設計下屬的工作，讓員工從工作中找到成就感，讓工作本身驅動他們付出。

第三，經理人的領導力。杜拉克看重領導者的特質，他認為領導者一定要有追隨者。下屬追隨領導者，主要是因為領導者言出必行，以身作則；因為領導者的目標清晰，對每個人都公平、公正；因為他信任你，認同你的領導能力。經理人依靠自身的領導魅力贏得認同，而不是其權力。

第四，經理人要具備創新和企業家精神。杜拉克認為，創新是企業家的基本素養，而創新的要訣是學會放棄，放棄一些沒有前景的、浪費資源的專案，釋放出寶貴的人力，繼而開展創新。

第五，關注經理人的經濟任務和責任。杜拉克主張，管理的職業和實踐具有道德意義。首先，經理人的工作會對企業員工的發展和福祉產生深遠的影響。其次，企業的行動和決策會對社會產生影響。因為企業經理人具有這種程度的影響力和權力，所以杜拉克主張賦予他們誠實正直行事的專業責任、理智的判斷能力、果斷決策的勇氣，以及「尤其是，不要明知其害而為之」。

杜拉克相信，被委託履行企業經營責任的經理人，必須兼顧公共利益，認真對待該責任。他斷言，管理者必須使自身利益服從公共利益，並集中精力履行對社會的責任──符合公共利益，堅定社會的基本信仰，促進社會穩定、發展、和諧。所有管理、每個決策、每次行動都必須立足於對大眾的責任。

第二節　培養與開發未來所需要的人才

在杜拉克撰寫《管理實踐》一書時，提出企業機構有責任創造一種環境，在這種環境中，人類得以發展，個人得以自我實現。要使之成為現實，經理人的責任就是，首先承認員工是一個人、一個「複雜的主體」。杜拉克賦予經理人的責任，還包括創造一種組織結構，使身處其中的員工能夠高效率、有效地履行職責，該組織內的工作是適度的和具有挑戰性的，並且有助於員工的成長和發展。

二、如何培養與開發未來所需要的人才

人才培養是企業家和企業人力資源管理者的核心策略任務。企業要培養與開發未來所需要的人才，必須建立關鍵人才培養和開發機制，使關鍵人才成為企業核心競爭力最重要的手段。關鍵人才隊伍培養是一個長期、系統性的工程，需要一套完善的機制來保證。關鍵人才培養機制具有系統性、持續性和多元化的特點。

(1) 人才培養機制的系統性。

人才培養是一項系統性工程，要靠長期持續的系統性培養。企業要建構關鍵人才培養平臺和機制，協同推進關鍵人才開發規劃，增強關鍵人才發展的系統性和科學性。關鍵人才開發要遵循系統性培養的規律，在關鍵人才開發類別上，既要重視高層次人才，也要重視技能人才；在人才年齡結構上，要重視青年人才培養選拔，形成老、中、青梯次相互搭配。

(2) 人才培養機制的持續性。

人才培養是企業的一項重要長期規劃，而不是短期行為。人才培養需要持續性，需要不斷地鞏固和強化。企業需要扭轉對人才重使用、輕培養的舊習慣。企業可持續發展的關鍵是要保證人才開發的可持續性，

第五章　啟用關鍵人才：培養經營者的分身

否則，將會影響企業發展策略目標的實現。

在學習機制保障方面，首先是要確保人才培養體系和企業策略緊密結合與持續同步，只有這樣才能讓關鍵人才培養的進度跟上企業發展的速度。

其次是組織保障。只有把人才培養機構納入組織架構，把人才培養放到管理環節中，才能保障人才培養的可持續性。

最後，建立持續改進的機制。即需要有一個不斷回顧、反思、修正，再改進、再持續前進的人才培養機制，這樣才能保持人才培養和市場需求同步。這個機制的建構不僅是為了培訓關鍵人才的工作，更要與企業整體架構和策略相關聯，跟隨策略體系調整和改進，使人才培養持續改進機制成為整個組織持續改進的一部分。人才培養機制的持續改進也將促成組織的改進，提升組織的持續改進能力。

(3) 人才培養機制的多元化。

關鍵人才培養的多元化路徑，是決定企業健康、穩定向前發展的關鍵所在。構築多元化的人才培育體系，可以培養企業所需的各類關鍵人才，努力營造人才輩出、人盡其才的制度環境。

(4) 建立有效的人才開發激勵機制。

建立有效的人才開發激勵機制，需要遵循組織目標和個人目標相結合、物質激勵與精神激勵相結合、正激勵與負激勵相結合、激勵與約束相結合，以及按照需求適時激勵等基本原則。企業採取多種形式的激勵手段，充分激發人才的潛能，確保激勵機制的合理性和實效性。人才開發激勵機制的方式多種多樣，物質激勵和精神激勵是人才激勵機制中最為常用的兩種激勵手段。

建立有效的人才開發激勵機制，能夠滿足人才多樣化的需求，提升整體內部動力，為內部人才的產生提供制度保障。

第三節　杜拉克人才管理的六項原則

一、人才管理重在創造優良環境

很多企業在人才管理方面面臨諸多困難：人才結構、競爭力和綜合技能難以滿足企業發展的需求；關鍵職位人才缺失，人才成長緩慢，低值職位普遍冗員，人才發展效果很不理想，人才的結構性問題普遍存在；對於關鍵人才培育缺乏正確的價值標準和理念指引，沒有從企業策略管理的角度來看待培訓投入和人才發展，人才培育成效不彰，導致企業發展止步於「人才供應」，束手無策！

人才管理是人才效能、人才實力的重要影響因素，是人才開發的必要條件。人才管理的重點在於創造人才發展的優良環境，不但使人才的素養、能力提升，還要有利於其才能的發揮。因此，人才管理是一種綜合性的活動，也是一種高層次的活動。

二、人才管理的六項原則

我們總結杜拉克關於人才管理的八項原則，旨在發揮員工價值，幫助企業在客觀條件的變化中掌握變化的脈動，實現自身的變革。

（1）「以人為本」的管理理念。

杜拉克畢生的追求，是建構一個美好社會，使每個人都得到尊嚴和地位的社會。杜拉克說：「貫穿我一生所有著作的主題，就是現代社會中人的自由、尊嚴和地位。」這體現出杜拉克管理理念中「以人為本」的理念。

第五章　啟用關鍵人才：培養經營者的分身

企業管理中的「以人為本」，要求企業在生產經營管理過程中要以人為管理工作的出發點和中心，圍繞著激發和啟動人的積極性、主動性、創造性來進行工作。強調對人性的理解，重視人的需求，以鼓勵為主旨，以培養為前提，以人為管理和工作的中心。

(2) 尊重人才，合理地使用人才。

杜拉克說：「雇用整個人，而不是一雙手。」他認為，企業要尊重員工，因為他們是人，不是一臺經濟機器。這是杜拉克非常重要的觀點。

追求事業、成就事業的強烈動機是人才成長和發展的基本動力。招攬人才是手段，使用人才是目的，若才非所用，才無所用，就會浪費人才。企業要為人才提供展現才能、實現個人價值的空間和機會，良好的創業環境要求企業從人才自身價值實現的角度出發，尊重人才，合理地使用人才，為關鍵人才創造和諧的工作環境。

(3) 讓員工有成就感，才是真正的激勵。

杜拉克說：「讓工作有成效，讓員工有成就。」他認為，企業一定要先把工作組織好，讓工作富有成效，這樣員工有了成就感，才能得到真正的激勵。

企業注重精神激勵機制作用，以精神因素鼓勵員工。建立精神激勵機制要尊重人才的人格、尊重人才的個人利益和發展需求，為人才創造良好的事業發展機會，營造舒心的工作氛圍、平等競爭的工作環境，發現和激發人才的創新熱情，使人才隨著企業的成長而成長，增強人才實現自身價值的自豪感、貢獻社會的成就感、得到社會承認和尊重的榮譽感。做到人盡其才，才盡其用。

(4)提升員工的責任感。

杜拉克說:「提升責任感,而非滿意度。」他認為,我們沒法用金錢買到責任感,只能採取措施激發員工的責任感。

有責任感才能創造奇蹟。能夠做出重大貢獻的傑出人物,都有高度的責任感,正是在責任感的驅使下,他們才取得了令人矚目的成就。杜拉克倡導事業部制,事業部實行獨立核算,更能激發經營管理者的責任感。肩負重大責任,他們才會用心經營,提升業績。

管理者的自主性、積極性,能夠有效保持企業的活力,推動企業發展。

(5)信任員工,幫助員工開創事業。

杜拉克說:「員工是機會,而不是麻煩。」人才是企業的第一資本,企業應該充分信任和使用人才,最大限度地發揮人才作用。

成功的企業應盡可能從內部提拔人才,因為對於企業來說,經營並不是僱人去做一份工作,而是盡可能地幫助員工在企業內部開創他的事業。

(6)充分激發員工的才能。

杜拉克說:「充分發揮人的長處,而不是改造人。」一家企業如果想要具有持續的收益能力和競爭優勢,所面臨的挑戰並不在於對人才的爭奪,而在於充分激發員工的才能。

企業所需要做的是盡可能多地選用適合企業文化的有才能的人,並利用企業自身的體制、管理者和企業文化,最大限度地發揮人的才能,力求「人盡其才,才盡其用」。

第五章　啟用關鍵人才：培養經營者的分身

第四節　培養經營者的分身

　　關於人才方面，稻盛和夫認為：「培育人才是經營者留給企業的最大資產！」當公司規模還不大時，經營者自己就能管理整個公司。但隨著公司的成長壯大，一個人要照看全體就變得困難起來。因此，隨著京瓷規模的擴大，稻盛和夫從內心渴望出現優秀的搭檔和夥伴，即認同公司理念和付出不亞於任何人的努力的經營者。

　　但是現實中，這樣的人才很難找到。所以，稻盛和夫經常會想起《西遊記》裡的孫悟空。希望像孫悟空那樣，拔毛一吹，就能變出很多能力出眾、模樣相同的人。實際上，「變出自己的分身」這種思考的結果，就孕育了現在的阿米巴經營體制。有相同理念的小組織的領導人，即使他們管不了一個很大的組織，但如果把組織劃分成若干個的小團體，任命他們做這種小團體的負責人，委託他們營運，他們應該是能夠勝任的。另外，賦予他們獨立核算的權力，使他們具備經營者的意識。當企業培養出眾多合格的阿米巴領導人時，企業將形成裂變式發展。

一、稻盛和夫對領導者的定義

　　稻盛和夫認為，企業高層主管必須清楚理解開展這項事業的意義和目的，並在日常工作中不斷地傳達給各部門管理者。各部門管理者也把自己所負責的事業對照該意義和目的，向部門成員進行說明，把該意義普及到基層，這樣才能使員工齊心協力地達成目標。

　　企業領導者需要做出正確的判斷，為此，領導者需要掌握「做人，何謂正確」這具有普遍性的哲學思想，並且在經營活動中，讓員工共享

哲學理念,提升經營者意識。

企業領導者還要具備兩方面的基本資質:一是「內聖」;二是「外王」。「內聖」包括五點:高尚的人格、強烈的使命感、高超的規劃能力、自強不息、大而無外、仁者無敵。「外王」包括以下四點:第一,透過率先成為典範,獲得夥伴的信任和尊敬;第二,揭示願景,並向員工反覆宣講,直至深入人心;第三,鼓動力和感染力;第四,共同成長,共有哲學。

稻盛和夫認為一個領導者的能量有限,依靠個人單槍匹馬,不管這個人多麼勤奮,拓展空間仍然有限。想要擴大企業規模,就要透過阿米巴經營模式,孵化和培育出更多領導者和經營者,才能實現企業持續長青。

因此,企業領導者必須把員工當作共同經營的夥伴,讓他們與自己想法一致,同甘共苦,支撐事業的發展。透過培養更多具有經營者意識的人才,實現全體員工共同參與的經營,企業才會人才輩出。

二、稻盛和夫如何培養人才

稻盛和夫對經營者的要求就是透過訓練那些留在公司裡的平凡的人,把他們培養成自己的左右手,培養成合作夥伴,培養成公司的得力戰將。

稻盛和夫創立的阿米巴經營,目的就是培養經營者的分身。

第一,細分阿米巴組織。基於「按公司營運所需職能建立組織」的思路,釐清最低限度的必要職能,建立精簡高效的組織。

第二,培養經營者的分身。稻盛和夫希望多多培養出像自己一樣承擔公司經營責任,並具有經營者意識的領導者。如果是一個小組織,那

第五章　啟用關鍵人才：培養經營者的分身

麼年輕、經驗尚淺的領導者也能正確掌握自己部門的情況，有效發揮經營者的作用，於是他將組織分成小小的「阿米巴」，並委以營運之責。

第三，把經營委託給阿米巴領導者。為了發展阿米巴而選擇阿米巴領導者，根據公司方針制定事業規劃，開展實績管理、勞務管理、物資訂購、庫存管理、經費管理等全面的經營。即使是小組織的領導者，也要有身為經營者的覺悟和責任感。

第四，阿米巴領導者率先成為典範。阿米巴領導者要在成員參與的前提下制定事業規劃，率先成為典範，全體成員共同努力達成目標。領導者身先士卒，付出不亞於任何人的努力，這是引導企業成長發展的必要條件。領導者在第一線臨陣指揮，以身作則非常重要。只有這樣的領導人才能培養出真正的人才。

第五，激勵人才持續地努力。稻盛和夫認為，竭盡全力，付出不亞於任何人的努力，乃是這個世界上所有生物都要承擔的、理所當然的義務，沒有誰可以逃避這項義務。全神貫注於自己的工作，只要做到這一點，就可以磨練自己的靈魂，鑄就美好的心靈。磨練靈魂，就會產生利他之心。

阿米巴經營是非常人性化的經營模式，其對人的素養和精神境界要求非常高。它透過賦權經營，權責對等，將經營權下放到基層，讓員工像老闆一樣思考、決策和行動，每位員工都對利潤負責。這樣，每位員工都是一個「小老闆」，他們在自主經營過程中不斷成長，自然而然就成為獨當一面的企業經營人才。

第五節　人才為何要具有經營者意識

一、傳統企業體制的弊端

傳統的金字塔形組織中，企業的人事組織架構像一座金字塔，企業領導人高居塔尖，以制度化和法規化嚴格建構等級制度。

在這樣等級森嚴的組織內部，個人想要得到的目標，只能依靠個人在組織中的層級而定，按照固化的等級往上爬。管理層級多必然要導致機構臃腫、人員膨脹。員工缺乏經營意識，人浮於事，管理效率低下；權力集中在上層，下屬自主性小，參與決策的程度低，創造潛能難以釋放。這些情形嚴重影響企業對人才的開發和利用。

稻盛和夫看到了傳統企業體制的弊端，由此建立阿米巴經營，目的是培養具備經營者意識的人才。員工只有具有經營者意識，才能不斷挑戰自我，付出不亞於任何人的努力達成目標。

二、如何具有經營者意識

如何成為一個具有經營者意識的人才？在日常的經營管理中，必須做到以下四點。

（1）增核算意識，並付諸實踐。

企業採取能夠即刻應對市場變化的部門核算管理，採用全體員工都能簡單理解的、家庭記帳簿式的核算表。例如，現在訂單有多少，與計畫相比差多少，產生了多少利潤，利潤是怎麼使用的，這些有關公司的

第五章　啟用關鍵人才：培養經營者的分身

處境狀況，每位員工都應該了解。這種全員參與經營的方式，培養了員工的經營者意識。他們每天上班，都認真考慮如何提升自己所屬阿米巴的「單位時間效益」，並付諸實踐。

(2) 實現銷售額最大化和經費最小化。

企業經營的原理原則是實現銷售額最大化和經費最小化。稻盛和夫認為，把經費支出控制到最低程度，這是參與經營的最直接的方式。公司效益好的時候，很容易放鬆對經費的控制。這樣各部門浪費的經費累積起來，就會極大地損害整個公司的利益。

企業一旦養成了這種隨意浪費的習慣，當經濟形勢嚴峻時，即使想要重新緊縮經費，也很難恢復到原來的狀態。因此，無論在何種情況下，我們都必須注意如何實現經費最小化，這也能夠培養員工的經營者意識。

(3) 回到現場，解決問題的關鍵。

稻盛和夫說，製造的原點在於生產現場，銷售的原點在於同客戶的接觸。出現問題時，作為具有經營者意識的員工，首先想到的是回到現場。現場往往蘊含著第一手資訊，是解決問題的關鍵。員工經常身處現場，不僅可以找到解決問題的線索，而且可以讓自己像經營者一樣思考問題、解決問題，藉此提升生產效率和產品，並得到新的客戶訂單。

(4) 貫徹雙重確認原則。

在阿米巴經營中，各個阿米巴自主經營、獨立核算，實現全員經營，由於員工能力素養參差不齊，難免會有員工犯一些低階的錯誤。

為了防止出現這樣的錯誤和不當行為，有必要建立多部門、多人複查的雙重確認體系。尤其是有關資金管理，一定要堅持貫徹雙重確認原

則，建立起防患於未然的規章制度，杜絕錯誤和不正當行為的發生。培養員工的經營者意識，就要讓其貫徹雙重確認原則。

培養員工的經營者意識，歸根究柢還在於經營者必須具備慎重堅實的經營態度。稻盛和夫認為，要在企業間激烈的競爭中取勝，就要不斷實現經營高目標，經營者必須具備「燃燒的鬥魂」和「堅強的意志」。

案例：麥當勞全球萬店，人才團隊是如何培養的

麥當勞是全球知名的餐飲服務品牌，超過 4 萬家餐廳遍布全球。

麥當勞憑什麼取得這樣的發展速度和成就？人才團隊是如何培養的？

1. 麥當勞如何確立關鍵人才標準

麥當勞創始人雷・克洛克（Ray Kroc）說：「若想走遍天下，必須人才為先，我要把錢花在人才上。」麥當勞對人才的定義是，能夠勝任相應職位工作要求的人即該職位的合格人才。

餐廳管理組職位按職級分為 5 個級別，每個級別從能力等級、績效水準、發展潛力三個方面來評估人才標準。

對於管理組的評估標準，麥當勞建立了一套科學的管理制度，這套績效管理系統可幫助員工了解績效驅動要素、績效目標的制定、績效評估的評定方式、績效評估等級標準。這套管理制度主要由以下三部分組成。

個人績效：包括個人績效計劃、年中回顧、績效校準會、年末回顧。

能力等級：麥當勞根據不同職位建立了一套系統的能力詞典，能力

第五章　啟用關鍵人才：培養經營者的分身

詞典定義了每個職位應該具備的能力項目和應達到的水準。能力詞典分為三大部分：核心能力、管理能力和專業能力。每個能力項分為表現不穩定、基本水準、進階水準、策略性領導水準，明確每個職位應具備的能力項和每項能力的相應等級。

潛力等級：潛力等級分為現可勝任人員、未來可勝任人員、新到職位、現任人員。

這套獨具特點的績效發展系統，結合標準化基礎管理系統，清晰定義出麥當勞對不同層次、不同專業人才的要求及評估方法，為培養麥當勞所需人才制定了清晰的標準依據。

2. 麥當勞培訓體系

麥當勞非常重視員工培訓，並建立了較為完備的培訓體系。這為受訓人成功經營麥當勞餐廳、塑造「麥當勞」品牌統一形象提供了可靠保障。

麥當勞的培訓體系是在職培訓與離職培訓相結合。離職培訓主要是由漢堡大學完成。漢堡大學是對分店經理和重要職員進行培訓的基地，主要提供兩種課程的培訓：一種是基本操作講座課程（BOC），目的是教育學員製作產品的方法、生產及品質管理、行銷管理、作業與資料管理和利潤管理等；另一種是高級操作講習課程（AOC），主要用於培訓高層管理人員，其內容包括提升利潤的方式、房地產、法律、財務分析和人際關係等。

麥當勞培訓系統分為員工培訓和管理組培訓，這些培訓已與日常營運管理和人力資源管理緊密融合，達到經營與訓練合一的效果。在工作中學習，在學習中工作。

從應徵開始，麥當勞就對應徵者宣傳自己的經營理念，這種傳播伴隨每個麥當勞夥伴的職業生涯。

麥當勞員工培訓以現場為主，主要培養操作技巧習慣和工作態度。當員工業績優秀並表現出很好的潛力時，將被列入升遷發展的名單，晉升為訓練員直至管理組。

員工升遷後因工作職責發生變化，從自己做發展到培訓他人和管理團隊，公司會提供相應的培訓，使員工盡快適應新角色的轉變。

3. 獨特的晉升制度

麥當勞的晉升制度是培訓、考核、激勵、晉升的結合。麥當勞規定，新員工必須接受嚴格的職前培訓。新招募的實習生在正式上工前必須完成基本操作課程的訓練，對基礎作業知識逐步達到嫻熟的程度，上工後能夠加快服務的速度。

麥當勞的晉升制度規定：如果人們沒有預先培養自己的接替者，那麼他們在公司裡的升遷將不被考慮。這就猶如齒輪的轉動，每個人都得保證培養他的繼承人併為之盡力，因為這關係到他的聲譽和前途。

麥當勞實行一種快速晉升的制度：一個剛進入職場的出色的年輕人，可以在18個月內當上餐廳經理。晉升對每個人是公平合理的，既不作特殊規定，也不設典型的職業模式。每個人主宰自己的命運，適應快、能力強的人能迅速掌握各個階段的技術，從而更快地得到晉升。

4. 如何營造複製關鍵人才的環境

培養鼓勵人才成長的氛圍。各級主管在日常工作追蹤中、會議中、活動中、考核中、溝通中，倡導人才培養的理念，使人才培養的意識滲

第五章　啟用關鍵人才：培養經營者的分身

透到每個人的思想行為中。

搭好關鍵人才成長的階梯。每個人前面都有自己的職業發展階梯。因為公司隨時準備發展，隨時需要儲備儲備人才，從機制上每個人都能看到自己的職業發展道路。

培養教練式經理，在課程系統中加入教練式經理的課程。鼓勵教練式經理的發展，因為教練與運動員的利益是綁在一起的，一榮俱榮，一損俱損。教練會真心為運動員付出，保證人才培訓的品質。

人員發展列入關鍵績效指標之一，每一級別管理人員的績效指標必須包括人員發展方面的目標。在機制上保證做好人員發展才可能獲得更高的績效表現等級。

培養接班人否則就不能晉升。麥當勞文化中提倡，不培養出接班人你就不能晉升，即便有機會你也不能得到提名。這樣中高層管理者都具備了培養人才的動力，儲備人才的問題就迎刃而解。

本章小結

◎杜拉克與稻盛和夫的相同點：

　　兩人都重視培養與開發未來所需要的人才。杜拉克認為，經理人是企業中最昂貴的資源，而且也是折舊最快、最需要經常補充的一種資源。企業目標能否實現，取決於經理人管理的好壞，也取決於如何管理經理人。稻盛和夫認為，培育人才是經營者留給企業的最大資產。他希望多多培養出像自己一樣承擔公司經營責任，並具有作為「經營者」意識的領導者。

◎杜拉克與稻盛和夫的不同點：

　　兩人對人才的定義和要求不同。

　　杜拉克所定義的人才是專業經理人。被委託履行企業經營責任的經理人，必須兼顧公共利益，認真對待該責任，包括滿足公共利益，堅定社會的基本信仰，促進社會穩定、發展、和諧。所有管理、每個決策、每次行動，都必須立足於對大眾的責任。

　　稻盛和夫對人才的定義就是優秀的搭檔、夥伴和經營者。稻盛和夫培養的是具有經營者意識的人才，阿米巴經營就是為了增加夥伴式的共同經營者。同時要求經營者必須具備「燃燒的鬥魂」和「堅強的意志」。

第五章　啟用關鍵人才：培養經營者的分身

第六章
自律和精進：管理者核心能力的修練

> 痴迷於工作，熱衷於工作，並付出超出常人的努力，這種不亞於任何人的努力會為我們帶來豐碩的成果。
>
> —— 稻盛和夫

第六章　自律和精進：管理者核心能力的修練

第一節　企業經營需要大義

稻盛和夫說：「為社會、為世人做貢獻，是人最高貴的行為。」

他在《生存之道》一書中提到：經營企業的真正目的到底是什麼？是為了自己的個人利益，還是為了宣揚自己的技能、知識，或是為了自己家人以及幾位股東？事實上，經營企業不只是涉及自己的小利益，還會與社會產生關聯。稻盛和夫用自己的人生經歷告訴我們，如果事業目的是為公的話，經營者的內心就會充滿力量、充滿自信。

一、企業經營為何需要大義

稻盛和夫認為，經營者必備的三種力量，一種「自力」，兩種「他力」。

「自力」顧名思義，是指經營者自身具備的能力或力量。「他力」有兩種：一種「他力」是指經營者的得力助手，以及企業員工的力量；另一種「他力」是指宇宙、自然的力量。

身為一名經營者，總是抱著利他之心、感恩之心去工作和生活，就能獲得宇宙之力的幫助，得到好運。相反，一切從利己心出發的利己主義者，往往做什麼都不如意、不順利，最終是不可能成就事業的。

稻盛和夫確定京瓷的經營理念：「在追求全體員工物質和精神兩方面幸福的同時，為人類和社會的進步與發展做出貢獻。」正因為有了這種經營理念之大義，京瓷的全體員工才能齊心協力，團結一致，推進創造性的技術開發，繼而多方面地開拓事業。而這也成為公司發展的原動力。

領導者首先應該釐清集團應有之目標,即確立符合大義名分的企業目的,同時努力使這種目的為員工所共有,全體員工都樂於齊心協力地為企業做出貢獻。

二、做企業還應該有更高的追求

　　企業管理者強調自身的修為,往往以身作則。這樣的領導者是下屬的楷模,下屬因為你的為人而由衷地敬重你。

　　因此,管理者追求的不應該是權力和地位,而應是責任和成果。那些身處「管理層」的經理人,如果不承擔責任,沒有創造成果,就不能算是管理者。

　　對於稻盛和夫而言,他一生秉承「動機至善,私心了無」的信念去經營企業。稻盛和夫認為,辦企業絕不是為了滿足經營者的一己之私,而是要追求全體員工物質與精神兩方面的幸福。同時,做企業還應該有更高的追求,那就是「為人類和社會的進步與發展做出貢獻」。

　　稻盛和夫說:「京瓷的發展,不過是貫徹了這一正確經營理念的必然結果。」稻盛和夫的境界,分為四個階段:年輕創業期是「艱苦奮鬥」,企業經營初期是「大公有私」,企業經營發展期是「大公忘私」,企業發展壯大期是「大公滅私」。

　　「艱苦奮鬥」的人,能付出不亞於任何人的努力;「大公有私」的人,受到員工和客戶的尊敬;「大公忘私」者,他的人格讓人敬佩;「大公滅私」者,他的一生令人景仰。也正因為經營者「動機至善,私心了無」的精神,才讓眾多的員工對現在和將來的生活充滿希望,他們才會信賴經營者,尊敬經營者。

第六章　自律和精進：管理者核心能力的修練

第二節　勇於挑戰新事物的領導者

企業管理者在 21 世紀面臨的主要挑戰：要成為組織變革的引導者。變革的引導者視變革為機會，他們主動尋求變革，知道如何發現恰當的變革良機。也就是說，在新時代背景下，管理者需要不斷地發現機會，不斷地挑戰新事物。

企業需要變革，需要採取行動。管理者要成為變革的引導者，組織要有決心和能力改變現有的狀態，同樣也要有決心和能力開創新事業、做與眾不同的事情，在新的事物面前，勇於去挑戰。

一、如何成為勇於挑戰新事物的領導者

要成為勇於挑戰新事物的領導者，需要做到以下幾點：

第一，有組織地改進。在變革的過程中，無論企業在其內部和外部從事什麼活動（包括產品和服務、生產流程、市場行銷等），都需要系統化地和持續不斷地對它們進行改進。這些措施將帶來產品的創新、服務的創新，帶來新的流程、新的業務。持續不斷的改進最終帶來根本性的變革。

第二，挖掘成功經驗。在持續不斷的改進過程中，成功經驗的挖掘遲早會換來真正的創新。每一小步的累積，最終會帶來重大的和根本性的變革，即湧現出真正與眾不同的新事物。

二、領導者的變革精神決定公司的命運

在挑戰新事物方面，稻盛和夫則認為，領導者害怕變革，失去挑戰精神，集團就開始步入衰退之路。也就是說，領導者是否不滿足於現狀，不斷進行變革和創造，將會決定一家公司的命運。

一家企業，如果只想維持現狀或墨守成規，就會陷入官僚主義和形式主義的泥淖，企業就會衰敗。而處於變革中心位置的就是企業的領導人。

稻盛和夫在《領導者的條件》一書中說，領導者的一項必備條件是必須不斷地挑戰新事物。在競爭激烈、各個企業的獨創性受到審視的今天，領導者要不斷挑戰新事物，並獲得成功。這一條成為領導者的必要條件，今後將越來越重要。

領導人必須打破安逸的心態，創造一種組織風氣──無論多麼困難，也要不斷挑戰新的創造性的事物。

三、稻盛和夫的創業經歷

稻盛和夫就是一個不斷挑戰新事物的企業家。稻盛和夫在大學畢業時，在京都一家瀕臨破產的企業就職。這是一家製造絕緣瓷瓶的企業，遲發薪水是家常便飯，公司已經走到了瀕臨倒閉的邊緣。

稻盛和夫入職公司還不到一年，同期加入公司的大學生就相繼辭職了。最後，只剩稻盛和夫一個人留在了這家破敗的公司。何去何從，對於年輕的稻盛和夫來說，是一個艱難的抉擇。深思熟慮之後，他不再發牢騷，而是把精力都集中到自己當前的本職工作中，聚精會神，全力以赴。從那以後，他工作時的認真程度可以用「極度」二字來形容。

第六章　自律和精進：管理者核心能力的修練

在這家公司裡，他的任務是研究最尖端的新型陶瓷材料，這是一份挑戰性很大的工作，他面對的是全新的事物。

為了攻克科學研究難關，稻盛和夫訂購了刊載有關新型陶瓷最新論文的美國專業雜誌，一邊翻辭典一邊閱讀，如飢似渴地學習、鑽研。功夫不負苦心人，稻盛和夫一次又一次取得了出色的研究成果，成為無機化學領域嶄露頭角的新星。

後來，稻盛和夫以此為基礎，創立了京瓷。京瓷成了這一領域的先驅者，不僅確立了精密陶瓷作為工業材料的重要地位，還以培育精密陶瓷的技術為核心，展開多元化經營。

四、稻盛和夫拯救日本航空公司

稻盛和夫不斷向新事物發起挑戰，才能不斷創造奇蹟。2010 年，日本航空公司因高額負債，瀕臨破產。

為了使日本航空公司得以重建，政府再三請求稻盛和夫就任日本航空公司的會長。雖然稻盛和夫成功創辦了京瓷集團，後來建立了以通訊為主業的 KDDI 公司，但是對於航空業，他完全是個門外漢。周圍的人都強烈反對他接手日本航空公司這個「燙手山芋」，他們認為這會讓他晚節不保，但稻盛還是勇敢接受了這項前途未卜的挑戰。

稻盛和夫帶著「稻盛哲學」與「阿米巴經營」來到日本航空公司，透過制定「日航哲學」，產生了日本航空公司共有的價值觀，同時也推進了全體員工的價值觀變革。透過阿米巴經營理念的匯入，稻盛和夫使每一位員工都萌生了經營者意識，全體員工開始思考如何提升自己部門的銷售額，如何削減經費。

其結果是，此前一直虧損的日本航空公司，重建後的第二年度成功恢復盈利，變身為世界航空領域收益最高的企業。2012年9月，日本航空公司在宣布破產後僅用了2年8個月就成功重新上市。

在技術革新飛速發展的今天，如果領導者缺乏獨創性，缺乏挑戰精神，不能把創造和挑戰的精神貫徹到企業中，那麼企業很難實現超越，保持基業長青。安於現狀就意味著已經開始退步。對於企業領導者來說，不斷向新事物發起挑戰，才能保證企業的發展。開闢未知的領域，才能成為充滿「開拓者精神」的領導者。

第六章　自律和精進：管理者核心能力的修練

第三節　管理者的精進和實踐

企業管理者需要具備組織發展所需要的關鍵能力。關鍵能力是指任何職業或行業都需要的，具有泛用性和可轉移性的，且在職業活動中有著支配和主導作用的能力。關鍵能力是各種職業活動中不可或缺的元素，它們可以引導、激發和生成其他職業能力，具有重要的「生產性」價值。

在網路時代，商業環境變化的幅度、速度及迅速程度都是前所未見的，這對企業管理者提出了更高層次的要求。管理者需要對自己的狀態及管理的能力有清楚的認知，並在此基礎上不斷精進與提升。

一、企業管理者為什麼要不斷精進

企業管理者身為關鍵人才，是形成企業核心競爭力的基礎。企業要提升核心競爭力，必須發掘管理者的優勢和潛能，管理者的能力素養決定企業核心競爭力。企業管理者之所以要精進，主要有以下因素：

第一，企業管理者的能力素養是形成企業核心競爭力的保障。

管理者的能力素養開發是企業提升核心競爭力的根基，因此，企業要積極建構科學有效的培養和使用機制，透過系統性的能力開發方法，提升管理者的能力素養，提升企業的核心競爭力。

第二，管理者的能力素養決定核心競爭力的可持續性。想要獲得可持續的核心競爭力，必須依靠高水準的管理人員。管理者是企業發展和創造財富的動力泉源，他們的能力素養是企業的力量所在。企業要把管

理者視為一種資源，而不是簡單地當作成本來看待。企業的核心工作需要靠管理者去完成，所以企業要提升自身的核心競爭力，實現提升效率和效益、戰勝競爭對手的策略目標，就必須注重管理者的能力開發工作。

二、企業管理者如何精進

稻盛和夫認為，「六項精進」是搞好企業經營所必需的最基本條件，也是我們度過美好人生必須遵守的最基本條件。

「六項精進」總結了人生和工作中非常重要的實踐內容。這六項內容是：①付出不亞於任何人的努力；②要謙虛，不要驕傲；③要每天反省；④活著，就要感謝；⑤積善行，思利他；⑥忘卻感性的煩惱。稻盛和夫建議，如果每天都能持續不斷地對「六項精進」加以實踐，就一定能夠開創自己美好的人生。

除了稻盛和夫的「六項精進」，企業管理者還可從如下五個方面來精進。

第一，協調能力。在企業裡，衝突難免會發生。此時，彼此間應互相支持和理解，互相協調，而一旦衝突激化，管理者就必須出面解決。企業管理者需要熟悉並善於運用各種組織形式，還應該善於用權，能夠指揮自如，控制有方，協調人力、物力、財力，以獲得最佳效果。

企業管理者的協調能力主要由有效的人際溝通能力、高超的員工激勵能力、良好的人際交往能力等構成。

第二，自我管理能力。杜拉克在《21世紀的管理挑戰》最後一章「自我管理」中說：「像拿破崙、達文西、莫札特這樣的偉大人物都是深諳自

第六章　自律和精進：管理者核心能力的修練

我管理之道的。這在相當程度上是他們功成名就的泉源。但是他們畢竟十分少見，他們非凡的才能和成就是常人所不能及的。現在，即使資質平庸的普通人也將需要學會自我管理。」杜拉克一再提請人們反問自己：我是誰？我的優勢是什麼？我屬於哪裡？我能做出什麼貢獻？我該如何規劃下半生？

管理者的自我管理，應注重自我教導及約束的力量，亦即行為的制約是透過內部控制的力量實現的。管理者在企業制度上要以身作則，不能「只許州官放火，不許百姓點燈」，要講求誠信，實現對下屬員工的承諾。

第三，培養他人的能力。優秀的管理者應更加關注員工的能力開發，鼓勵和幫助下屬員工取得成功。培養優秀人才是管理者的重要任務。因此，身為管理者，在工作中要積極引導員工反覆思考、親自制定計畫和策略，並付諸實行，讓員工能夠獨立自主，逐漸獨當一面。

第四，決策能力。決策能力是指管理者對某件事拿定主意、做出決斷、制定方向的領導管理績效的綜合效能力。包括經營決策能力、經營管理能力、業務決策能力、人事決策能力、戰術與策略決策能力等。

古往今來，那些做出偉大決策的人，都具有「先知先覺」的意識，都能高瞻遠矚，明察秋毫。因此，企業管理者應從博學中提升決策的預見能力，從實踐中提升決策的應變能力，從心理上提升決策的承受能力，從思維上提升決策的創造能力，從資訊上提升決策的競爭能力。

第五，團隊領導能力。對於企業的生存與發展，領導者居核心地位，是決定性因素。企業的經營決策正確與否，直接影響企業的生死存亡。企業的決策掌握在領導者手上，領導者能力的高低，直接影響每項決策的準確度。

因此，管理者領導力的精進，首先要掌握領導的藝術。領導的藝術主要體現在領導者本身的素養——分析、解決問題的能力等方面。領導者應具備一定的管理技能，要有對情境的觀察力和判斷力。其次，在領導力提升中，領導者必須與追隨者建立起密切的良好的工作關係。最後，領導者要有創新意識。在領導力提升中，創新意識是一個卓越領導者必須具備的能力。

第六章　自律和精進：管理者核心能力的修練

第四節　明確管理者的能力素養要求

杜拉克認為，有效的管理者具有不同的類型，缺少有效性的管理者也同樣有不同類型。因此，有效的管理者與無效的管理者之間，在類型方面、性格方面及才智方面是難以區別的。有效性是一種後天的習慣，既然是一種習慣，便可以學會，而且必須靠學習才能獲得。杜拉克從社會、信仰和人性的視角出發，列出一個優秀管理者必須具備的五種習慣：善於利用有限的時間，注重貢獻和工作績效，善於發揮人之所長，集中精力於少數主要領域，有效的決策。

在能力方面，杜拉克則建議，一個優秀的管理者應該做好 5 項工作：制定目標，組織工作，激勵和溝通工作，確立一種評估標準，培養人才（包括他自己）。

企業管理者是推動企業發展的真正動力，誰擁有高層次的優秀的管理者，誰就能在白熱化的市場競爭中穩操勝券。作為現代企業變革、創新和發展的領導者、指揮者，我們必須探索一種選拔企業管理者的有效方法，而要做到這一點，應該有一個清晰、新穎的思路，清楚知道管理者應具備的能力素養，這是解決問題的首要條件。

一、企業管理者應具備的素養

企業明確管理者應具備的素養，才能培養和造就優秀的企業管理者，發掘智慧型、複合型、高效型的菁英管理人才。身為企業管理者，應具備以下素養：

第四節　明確管理者的能力素養要求

第一，職業素養。作為一名面向未來的關鍵人才，必須具備良好的職業道德，能執行企業的經營方針，與企業的大方針和發展步調始終保持一致，高度認同企業文化。

第二，決策素養。決策實質上是為達到組織目標，透過科學預測、正確分析，而果斷、大膽、明智地採取有效措施的過程。決策素養在企業參與競爭和發展壯大的關鍵時刻具有決定性的作用，是每位領導者應具備的基本要素。能站在歷史的高度，以發展的眼光綜覽全局，掌握未來，善於抓住發展的良機，規避風險，加速擴張，超越對手。這對於關鍵人才來說非常重要，這是評估關鍵人才的主要指標。

第三，領導素養。領導是一個引導群體達到組織目標的行為，管理者的領導素養包括領導學、領導行為、領導藝術水準及心理素養等多方面要素。出色的管理者有很強的影響力、號召力和凝聚力，在群眾中有較高的威望，對鼓舞員工士氣、提升群體鬥志產生重大作用。能任人唯賢、知人善任、團結夥伴和眼光超前，精於激勵、勇於授權、善於協調和勇於實踐。

第四，智力素養。企業管理者注重增強自我開發意識，以提升自身的智力素養，這樣才能夠應付變幻莫測的市場競爭，對突發事件能鎮定自若、得心應手地處理，真正成為一個有遠見、有智謀、有膽識的企業領導人。

第五，創新素養。管理者是企業創新活動的倡導者、組織者和推動者。只有在各項工作中居安思危、銳意改革和不斷創新，企業才會充滿生機和活力，保持強勁的發展態勢，在激烈的商戰中立於不敗之地。企業創新包括想法創新、知識更新、機制創新、策略創新、技術創新、行

第六章　自律和精進：管理者核心能力的修練

銷創新和管理創新等。創新是現代競爭取勝的銳利武器，並被越來越多的人所認識。因此，現代企業決策者都應具有很強的創新能力，能深謀遠慮，棋高一著，先出新招，再創優勢，走向領先。

二、管理者能力素養模型搭建

不同的企業策略目標和核心能力對企業管理者的知識結構、能力和技術水準等素養的要求是不同的，企業要把對核心能力和策略目標的追求轉化為對管理者素養的要求，這樣才能確保合適的人在合適的位置上。

在實際應用過程中，很多能力素養模型都是定性描述，比如解決問題能力的等級劃分中，一級評價標準是「能提出一些解決問題的思路，並取得一定的效果」，二級評價標準是「能提出比較好的解決問題的思路，並能解決一些問題」，這些定性描述在實際應用的過程中很難劃分清楚幾個等級之間的差異，且受評價人員的主觀因素影響較大。對於一個員工的表現，有的評價人員要求比較嚴格，認為其解決問題能力處於一級程度，而有的評價人員要求較為寬鬆，可能會認為其解決問題的能力處於二級程度。這樣就造成了人員評價的不公平性。

基於上述問題，企業應該提出建立一套訂製式的、能實際執行的能力素養模型，用以公平、公正地評價管理人員，對管理人員配置產生真正的指導作用。

(1)從職業能力、職業意識、職業品德三個面向對管理者進行綜合評價。

這三個面向主要是解決公司「評價什麼」的問題。在這三個面向中，職業能力包括解決問題的能力、執行力、談判力等；職業意識包括成本意

識、安全意識、自律等；職業品德包括處事公道、廉潔奉公、遵章守紀等。

三個評價面向涵蓋了企業管理者的工作能力、工作態度和職業素養等多個面向，既能保證人才的專業性，也能將管理者的工作態度、職業素養納入考慮，保證了對管理者評價的全面性，避免出現某一方面有優勢而又無法勝任職位的現象。其中，對職業能力的評價有助於深入了解管理者的實際工作能力，有效評價管理者的職位勝任能力；職業意識側重對管理者職業思維的評價，有助於對管理者職業發展及職業行為的深入評價；職業品德是指管理者在工作中必須遵循的行為準則，也是企業在選人、用人過程中必須考慮的評價面向。

在選取了評價面向及每個評價面向下的評價指標後，企業對每一項評價指標的概念及要點都進行了詳細的描述，以加深評價人員對各項評價指標的了解，幫助其梳理出每項評價指標的關鍵點。

(2) 管理者能力素養關鍵行為梳理。

綜合考慮到企業現狀及保證行為資訊的科學性，在管理者關鍵行為的提煉上，可以採用 BEI 行為事件面談法和問卷調查法兩種方式進行。BEI 行為事件面談對象主要為企業職能部門總監、事業部總經理及部分資深員工代表；問卷調查對象主要為企業中基層管理人員及部分員工代表。兩種調查方式都事先準備好了內容，BEI 行為事件面談內容主要圍繞對素養內涵的理解、工作行為描述及分別列舉 3 個工作上的成功事件和失敗事件，同時將面談內容發送給面談者，以便他們事先準備；問卷調查內容主要是圍繞每個素養進行 5 到 10 個行為描述。

行為面談和問卷調查結束後，企業根據調查結果開始著手素養關鍵行為的判定。主要方式是把大家從不同聚焦度集中的行為列為素養關鍵行為，同時對這些關鍵行為從不同面向加以區別。如表 6-1 所示：

第六章　自律和精進：管理者核心能力的修練

表 6-1 能力素養的面向描述

能力素養	面向	行為描述
管理者的責任感	工作認知	對工作內容、工作職責有清晰而深刻的認知，了解從事的工作對實現組織目標的重要性
	積極行動	不計較個人得失，積極主動尋求工作解決方案，高效完成工作目標
	熱愛工作	把工作當成自己的事業來做，積極尋求工作為自己帶來的滿足感和優越感

進行關鍵行為提煉時，尤其要注意關鍵行為必須是反映企業管理者在實際工作中完成並且能用事實評估的行為標準，避免用一些口號性或無法界定的行為描述。

(3) 對管理者的關鍵行為進行分級。

完成管理者能力素養關鍵行為提煉後，還需要對管理者的關鍵行為進行分級。

不同的素養模型分級方法有所不同。如員工核心素養模型，可按展現程度（深度和寬度）來劃分，然後在標準行為的基礎上進行展現程度的差異行為描述，具體可分 3 到 5 級；領導力素養模型的行為等級劃分則需要分兩個步驟完成，因領導力素養是適用於企業所有管理人員，所以首先可按管理人員的職位要求進行相應行為描述，從而按職位級別縱向分出等級，然後對每個等級進行橫向程度描述，具體方法和員工核心素養模型描述相同。

在行為分級時，避免簡單地用好、不好、很好等評價性詞彙，而應該用更加具體、可操作、有說服力的行為區分。在科學、有效地評價企業管理者的基礎上，也有效引導管理者的工作行為，為管理者指明自我提升的方向。

第六章　自律和精進：管理者核心能力的修練

第五節　經營管理者的責任感

一、責任感是啟動企業生產力的核心

杜拉克在《管理實踐》一書中，對企業管理者的責任感有著精采的闡述。他說，企業需要以追求績效的內在自我動機取代由外部施加的恐懼。唯一有效的方法是加強員工的責任感，而非滿意度。

管理是一種責任。杜拉克認為，責任可分為內在責任與外在責任。內在責任指的是「承諾」，亦即對自己所選擇的績效目標做出最大的貢獻，以實踐自己的承諾；外在責任是指對整體的績效負責。唯有能承擔內、外責任的工作者，才是真正的「自由人」。

經營管理者的責任感是指企業管理者對自己在企業中所承擔的責任、義務的高度自覺，表現為對本職工作盡職盡責，充分發揮自己的積極性、主動性和創造性。責任感是能夠極大地激發企業生產力的關鍵。

二、如何加強管理者的責任感

經營管理者的責任感從何而來？在《管理實踐》一書中，杜拉克主要提出了兩條建議：一是讓員工了解情況；二是擁有管理者的願景。

企業經營管理者的責任感主要受以下幾種因素影響：

第一，工作結構的影響。如果企業工作結構合理，員工對工作滿意，就會對工作結果富有責任感，願意為創造更高的績效付出努力。

第五節　經營管理者的責任感

第二，企業員工自身的因素。一個企業組織執行效率的高低，除了與組織架構、規章制度、激勵機制有關，還與企業員工的責任感密切相關。因此，企業需要不斷調整組織架構，引入新的激勵機制和經營模式，比如事業部制或阿米巴經營模式等，從而有效地培養員工的經營意識和責任感。

第三，企業考核和獎勵的影響。績效考核的公平合理性直接影響企業員工的工作積極性，只有企業的考核制度公平合理，員工才能對企業有責任感。同時，把績效考核和獎勵掛鉤，可以使員工多做多得，體會到付出總有回報的感受，從而更加努力地工作，全心全意地投入，形成高度的責任感。

第四，企業文化的影響。企業文化對管理者責任感的形成具有重要影響。企業文化的人文力量，可以為員工創造更為和諧的人際關係以及舒適的工作環境，讓員工能夠充分發揮各自能力，實現自我價值。企業文化產生凝聚力，透過建立共同的價值觀念、企業目標，把員工凝聚起來，使員工具有使命感和責任感，自發地為企業奮鬥，從而形成推動企業發展的巨大動力。

稻盛和夫則透過阿米巴經營培養有責任感的管理者。經營權下放之後，各個小單位的主管會樹立起「經營者」的意識，進而萌生出作為經營者的責任感，盡可能地努力提升業績。這樣一來，員工的「被動」立場就轉變為領導者的「主動」立場。這種立場的轉變正是樹立經營者意識的開端，於是這些主管中開始不斷湧現出與稻盛和夫一同承擔經營責任的經營夥伴。

第六章　自律和精進：管理者核心能力的修練

　　阿米巴經營是在明確的經營理念、願景、原理原則指導下，以企業的年度計畫為基礎，做到權力、責任同時下放，要求員工對經營的結果真正負責。量化賦權給予員工更大的過程決策空間，是真正的授權，阿米巴經營則是實現人才培養的經營模式。

　　阿米巴經營提倡的不是對權力的關注，而是對責任的承擔，每一位阿米巴單位領導者所承擔的責任決定其經營權的大小。

第六節　管理者如何提升「影響力」

稻盛和夫在一次演講中說：「如果不能夠對組織施加影響力，就沒有當領導人的資格。當領導人的第一個條件是，不管是好是壞，都必須能夠為組織施加重大的影響。」他認為，在思考領導人的領導力時，經營者的個性一定會在企業經營中反映出來。

「影響力」本質上是管理者的「職務影響力和示範帶頭作用」。基於管理者在組織中的特殊地位，透過其職務影響力，透過管理者自身在企業經營管理、企業文化落實方面的示範帶頭作用，影響組織內部成員對企業經營行為中的「態度取向」（從漠視到重視），進而影響群體在行為上「主動跟隨」（從旁觀者到參與者），繼而影響群體在效果上「效果轉變」（從形式到實質）。

企業管理者提升「影響力」，主要展現在以下三個方面：

一、態度影響力：管理者高度重視並身體力行

在企業經營中，管理者的率先示範作用是不可低估的。管理者作為企業的靈魂人物和中堅力量，他的價值觀和言行直接影響著員工的言行。管理者對企業文化高度重視並身體力行，必定會帶動員工紛紛效仿。

企業經營決策的有效實施，離不開企業高層主管的高度重視和以身作則的模範帶頭作用。高層主管的個人理念、領導風格偏好、個性特徵、領導行為表率等均會直接影響員工對企業核心價值觀的理解和認同，也會影響企業價值觀的實踐、貫徹和執行效果。

第六章　自律和精進：管理者核心能力的修練

當管理者在企業價值觀的影響與作用下，改變自身的心智模式和行為模式，並能從管理和經營活動中獲得成功的體驗和印證，切實感受到了企業文化的魅力和影響後，管理者自然會產生企業文化信仰。管理者的職務使命必然使管理者開始熱衷於透過企業文化來提升組織管理，因此，管理者便開始主動傳播企業文化，從自己信服到主動教育和影響員工信服；從自己主動實踐到要求員工實踐，這便是管理者的「文化自覺」。

可見，管理者的「態度影響力」源於管理者對企業文化的信仰，是管理者企業文化自覺的必然結果。

二、理念影響力：
　　領導者引領下所形成的價值觀共識

理念文化往往由一個核心價值觀統領，由一系列完整的企業經營管理價值體系組成，即理念文化體系。企業的理念文化不是一兩個人的理念，而是在企業創始人和主要領導人的引領下所形成的企業全員的價值觀共識。

企業價值觀體現出的企業核心理念，是企業全體員工所共有的、對企業的長期生存與發展有著重要作用的價值觀和方法論，是企業在漫長的經營歲月裡沉澱下來的經營智慧和價值取向。企業核心理念投射到員工身上，成為員工的價值標準，這種價值標準則以潛意識的形式影響著每一位員工的行為，並從內部影響著生產經營過程的每一個環節和方面。理念文化的影響力使企業全體成員在經營哲學和價值觀念領域形成高度統一的思維模式和心智模式，形成完全一致的價值標準。企業員工就是在這一價值標準和觀念的牽引與驅動下從事生產經營活動。

第六節　管理者如何提升「影響力」

優秀的核心理念能激發全體員工的責任感、榮譽感、工作熱情和創新精神，由內而外地約束、引導和激勵全體員工的行為乃至整個組織的行為，不斷發揮著深遠的影響力。組織成員受企業文化核心價值觀標準或企業精神的激發與感染，將產生文化覺醒和行為自律，使自我的職業行為更加符合文化的引導、行為的約束和使命感的召喚。

因此，管理者的價值觀和方法論就是企業文化最前端的實踐和體驗，是管理者「文化影響力」的基礎要素。

三、行為影響力：職務影響力和示範帶頭作用

管理者的「影響力」本質上就是管理者的「職務影響力和示範帶頭作用」。大多組織內的員工不看領導者整天在講什麼，而是在看領導者整天在做什麼，這就是領導者的行為影響力。

管理者的氣質、傾向、習慣、行事風格，會影響組織的整體文化氛圍和作風。管理者的「影響力」更多地在其非職務行為範疇才會對組織內部成員產生巨大的作用。因此，管理者的行為影響力對管理者提出了更高的要求。

案例：寶僑為何重視經理人能力的培訓

寶僑是世界最大的日用消費品公司之一。寶僑公司全球僱員近 10 萬人，在全球 80 多個國家設有工廠及分公司。這個產品行銷 160 多個國家和地區的帝國，面對不同的種族和文化，如何找到開啟不同市場的金鑰匙？究竟是什麼構成了這個百年日化帝國的「常青術」呢？

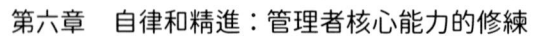

第六章　自律和精進：管理者核心能力的修練

寶僑向員工提供了獨具特色的培訓計畫，公司的目標是盡快達成員工在地化，預計在不遠的將來，逐漸由國內員工擔當公司的中高級領導職位。

1. 培訓特色：全員、全程、全方位和針對性

作為一家國際性的大公司，寶僑有足夠的空間來讓員工描繪自己的未來職業發展藍圖。寶僑是當今為數不多的採用內部升遷制度的企業之一。員工進入公司後，寶僑就非常重視員工的發展和培訓。透過正規培訓以及工作中直屬經理一對一的指導，寶僑員工得以迅速地成長。

全員是指公司所有員工都有機會參加各種培訓。從技術工人到公司的高層管理人員，公司會針對不同的工作職位來設計培訓的課程和內容。全程是指從員工邁進寶僑大門的那一天開始，培訓的項目將會貫穿其職業發展的全過程。這種全方位的培訓將幫助員工在適應工作需要的同時穩步提升自身素養和能力。這也是寶僑內部升遷制度的客觀要求，當一個人到了更高的階段，需要相應的培訓來幫助其成功和發展。全方位是指寶僑培訓的專案是多方面的，也就是說，公司不僅有素養培訓、管理技能培訓，還有專業技能培訓、語言培訓和電腦技能培訓等。針對性是指所有的培訓項目，都會針對每一位員工個人的長處和待改善的地方，配合業務的需求來設計，也會綜合考慮員工未來的職業興趣和未來工作的需求。

2. 內部培養、內部提拔，盡量不用「空降兵」

在人才培養方面，寶僑從不使用「空降兵」，所有高階主管都靠自己培養，而且還輸出了不少高階主管，被譽為「CEO 搖籃」。另外，寶僑很

少請外部的培訓機構，80%以上的培訓是靠自己的內部培訓師。

寶僑培訓體系的設計者認為：知識管理也要符合「80/20法則」，組織20%的知識透過部分外聘講師和內訓師外部學習獲得，80%的知識來自組織內部，這種知識結構能保證知識的更新和有效。太多的外部培訓會影響企業內部知識體系的建構，太少可能會過於封閉；而80%的知識應來源於內部的知識體系，這些知識在組織內部不斷傳播、實踐和更新才能形成組織真正的核心競爭力。

所以，在寶僑，要想成為CEO、成為高階主管就有了一條道路：成為內部培訓師。

這條道路有兩個關鍵點：第一個關鍵點是績效考核制度，寶僑倡導開發、總結、共享的文化，要求每一個管理者都是培訓師，這一點直接與績效考核掛鉤。寶僑的績效考核中有50%的分數源於組織貢獻評估，實際上就是在內部知識整理和傳播上的貢獻，成為講師自然在這方面就會有比較高的分數。第二個關鍵點就是一年一度的十大優秀培訓師評比，每個區域公司都會評出當年的十大優秀培訓師，這些人就是未來高階主管的替補隊員。

3. 寶僑專業經理人的培養

寶僑一直堅持「以人為本」的經營方針。有人曾說過，如果把寶僑的人帶走，留下資金和設備，那麼寶僑將會一無所有；如果把資金和設備帶走，留下人，10年後他們將會重建另一個寶僑。

這充分表現了寶僑的人才觀。

寶僑的培訓方法是：釐清所需的組織方向和業務需求，釐清所需的組織和個人能力；吸引和招募那些符合標準的優秀人才。

第六章　自律和精進：管理者核心能力的修練

寶僑建立了一套良好的培訓體系，在課堂和非課堂的環境中培訓員工的全面能力。在培訓的針對性方面其注重合作，注重發展專業經理人團隊。寶僑有著不成文的規定，幾乎所有經理人都是從內部晉升。告訴員工「你優秀，就提拔你」，從根本上留住關鍵人才。

本章小結

◎杜拉克與稻盛和夫的相同點：

　　兩人都認為管理者需要有更高的追求，具備責任感。杜拉克認為，管理者追求的不應該是權力和職位，而是責任和成果。企業管理者要以身作則，成為下屬的楷模。稻盛和夫認為，辦企業絕不是為了滿足經營者的一己之私，而是要追求全體員工物質與精神兩方面的幸福。同時，做企業還應該有更高的追求，那就是「為人類和社會的進步與發展做出貢獻」。

◎杜拉克與稻盛和夫的不同點：

　　兩人對管理者的能力素養要求不同。

　　杜拉克從社會、信仰和人性的角度出發，列出一個優秀管理者必須具備的五種習慣：善於利用有限的時間、注重貢獻和工作績效、善於發揮人之所長、集中精力於少數主要領域、有效的決策。在能力方面，杜拉克認為，一個優秀的管理者應該做好五項工作：制定目標、從事組織策動工作、從事激勵和溝通工作、確定一種評估標準、培養人才（包括他自己）。

　　稻盛和夫認為，領導者的一項重要資質是必須不斷地挑戰新事物。同時，不斷進行「六項精進」，即付出不亞於任何人的努力；要謙虛，不要驕傲；要每天反省；活著，就要感謝；積善行，思利他；忘卻感性的煩惱。

第六章　自律和精進：管理者核心能力的修練

第七章
目標管理:自我控制意味著更強的激勵

如果想實現「目標管理」,就必須要有「自我控制」,「自我控制」意味著更強烈的工作動機。為此,企業才要制定更遠大的願景與更高的績效目標。

—— 彼得・杜拉克

第七章　目標管理：自我控制意味著更強的激勵

第一節　目標管理的特點和本質

1954 年，杜拉克在《管理實踐》一書中提出了具有劃時代意義的概念──目標管理，它是杜拉克所創造的最重要、最有影響力的概念，並已成為當代管理學的重要組成部分。其後他又提出「目標管理和自我控制」的主張。

一、目標管理的特點

杜拉克對目標管理的概念進行了精闢的闡釋：「所謂目標管理，就是管理目標，也就是依據目標進行的管理。」目標管理是一種參與管理的形式，目標管理是一門科學，也是一門藝術。

杜拉克目標管理基本思想，主要有以下四點：

第一，確立目標。企業的任務必須轉化為具體的目標，企業管理人員必須透過這些目標對下級進行領導，並以此來保證企業總目標的實現。

第二，參與決策。目標管理使一個組織中的上下各級管理人員一同來制定共同的目標，確定彼此的成果責任，並以此項責任來作為指導業務和評估各自貢獻的準則。在實現過程中，杜拉克更強調「參與決策」。也就是說，首先上級和下級要共同參與選擇設定不同層次的目標，在此基礎上再談目標轉化。

轉化過程既是「自上而下」的，又是「自下而上」的。也就是說，在企業個體員工的積極參與下，自上而下地確定工作目標，並在工作中實

行「自我控制」，自下而上地確保目標實現。

第三，規定時限。為了實現目標，杜拉克建議管理者規定時限，並不鼓勵無休止地努力和奮鬥，更強調階段性成果、回饋、激勵和檢討。目標管理強調時間性，制定的每一個目標都有明確的時間期限要求，如一個季度、1年、5年等適當期限。在大多數情況下，目標的制定可與年度預算或主要專案的完成期限一致。

管理人員靠目標來管理，以所要達到的目標為依據，進行自我管理、自我控制，而不是由他的上級來指揮和控制。

第四，回饋績效。目標管理需要不斷地將目標實現的進展情況回饋給個人，以便其能夠調整自己的行動，因此，每個人對其所在部門的貢獻就變得非常明確。

目標管理強調評價績效，企業透過目標管理中的評價機制和績效回饋，用鼓勵自我評價和自我發展的方法，鞭策員工對工作的投入，並創造一種激勵的環境。

二、目標管理是一個激勵系統

杜拉克認為：「目標管理的最大優點也許是它使一位經理人能控制自己的成就。目標管埋的主要貢獻之一就是它使我們能用自我控制的管理來代替由別人統治的管理。」組織目標應該從「我們的事業是什麼？我們的事業將是什麼？我們的事業應該是什麼？」這三個基本問題的答案中得出。企業的目標是企業的最根本的策略，它既是藉以實現企業使命的一種投入，也是一種用以評估工作績效的標準。

目標管理要求組織結構保持動態變化並與之相適應，組織應該根據

第七章　目標管理：自我控制意味著更強的激勵

目標規定每個人的許可權。管理的原則就是讓個人充分發揮所長，確定共同的願景和一致的努力方向，進行團隊合作，調和個人的目標並實現共同的福祉。

目標管理強調管理的目標導向。每個管理人員必須以整個企業的成功為工作目標。管理人員預期取得的成就必須與企業成就的目標一致，他們的成果由他們對企業成就所做的貢獻來評估。

綜合杜拉克關於目標管理的觀點，目標管理不是任務管理、不是計畫管理，而是一個激勵系統，而且是在管理哲學層面的激勵系統。目標管理的本質和精髓：成就激勵。

第二節　企業為什麼要推行目標管理

　　目標管理在指導思想上是以 Y 理論為基礎，即在目標明確的條件下，將人性假設為喜愛工作、發自內心地願意承擔責任。企業實行目標管理，有效克服傳統管理的弊端，提升工作成效，使個體能力得到激勵和提升。

　　杜拉克認為，並不是有了工作才有目標，而是有了目標才能確定每個人的工作。所以「企業的使命和任務，必須轉化為目標」，如果一個領域沒有目標，這個領域的工作必然被忽視。因此，企業管理者應該透過目標對下級進行管理，當組織最高層管理者確定了組織目標後，必須對其進行有效分解，轉變成各個部門以及個人的分支目標，管理者根據分支目標的完成情況對下級進行考核、評價和獎懲。

一、企業為何推行目標管理

　　目標管理理念：每個組織成員的目標是為了組織整體而完成，並且根據整體目標而制定的。企業組織根據目標進行管理，組織中的上下級溝通會有很大的改善，有助於提升企業的效率。

　　第一，目標管理重視人性的因素。目標管理是一種全員參與的、自我控制的管理制度，也是一種結合個人需求與組織目標的管理制度。在目標管理制度下，上級與下級的關係是相互平等、尊重、依賴、支持的，下級員工在承諾目標和被授權之後，能夠自覺、自主地進行工作。

　　第二，建立協調統一的目標體系。目標管理將組織的整體目標逐級分解，轉換為各部門、各員工的細分目標。從組織目標到經營單位目標，再到部門目標，最後到個人目標。在目標分解過程中，明確權、

第七章　目標管理：自我控制意味著更強的激勵

責、利的關係,這些目標方向一致,相互配合,形成協調統一的目標體系。只有每個員工、部門完成了自己的目標,整個企業的總目標才有完成的希望。

第三,重視工作成果。在目標管理中,工作成果是評定目標完成程度的標準,也是公司績效考核的主要依據。員工完成目標的具體過程、途徑和方法,上級管理者不做過多干涉。所以,在目標管理制度下,監督的成分很少,讓員工自我管理和控制目標,有效提升員工的經營意識和能力。

二、企業推行目標管理的基本條件

企業推行目標管理,主要有以下幾個方面的條件:

第一,企業推行目標管理,需要建立符合科學的管理基礎。企業的各項規章制度較為完善,資訊暢通,能夠比較準確地度量和評估工作成果。這是推行目標管理的基礎。

第二,企業領導者對目標管理的重視和支持。在目標管理制度下,企業領導與下屬員工之間不是命令和服從的關係,而是平等、尊重、信賴和相互支持的關係。在目標設立和執行過程中,保持有效溝通,使大家的方向一致。企業領導者適度授權,授予下級部門或員工以相應的支配人、財、物等權力,激發員工的主動性和創造性,提升員工的領導力,有助於目標的實現。

第三,目標管理長期堅持,才能達到良好的效果。推行目標管理,很難一夕之間獲得成功。目標管理需要資料蒐集系統、差距檢查與分析、及時激勵制度的支撐。因此,目標管理只能逐步推行,而且要長期堅持,不斷完善,才能達到良好的效果。

三、企業推行目標管理的意義

第一，企業能夠強化管理，持續提升管理能力。以最終結果為導向的目標管理，能夠迫使各級管理人員去認真思考目標的效果。

為了保證目標的實現，各級管理人員不斷思考實現目標的方法和途徑。從激勵和控制的角度來說，企業有一套目標體系，有一套評價標準，能高效地推動企業的管理。

第二，成果導向，改善組織結構。企業推行目標管理，根據目標去確定組織的任務和結構，目標就成為組織成員們的內在激勵。目標體系規定了各事業部和人員的目標和任務，組織機構要按照實現目標的要求來設定和調整，各個職位也應當圍繞組織所期望的成果來建立，這就會使組織結構更趨於合理與有效。

第三，責任明確，員工自我管理。在目標管理制度下，員工能夠進行自我管理，主動承擔完成任務的責任。員工不再只是執行既定目標和等待指導，而是成為專心致志於自己目標的人。員工能夠參與自己目標的擬定，將自己的想法納入計畫之中，了解自己在計畫中所擁有的自主處置的許可權，能從上司那裡得到多少幫助，自己應承擔多大的責任，就會把管理工作做得更好。

第四，加強監督，對目標有效控制。目標管理也是一種控制方式，即透過分支目標的實現，來最終保證組織總目標的實現。目標管理能使責任更明確，就能使企業控制活動更有效。控制就是採取措施糾正計畫在實施過程中與目標偏離的部分，確保目標和任務的完成。

第七章　目標管理：自我控制意味著更強的激勵

第三節　企業如何實施目標管理

企業如何實施目標管理？杜拉克也給出了方法，即杜拉克目標管理「三階段」：第一階段為確立組織的整體目標；第二階段為實現目標過程的管理；第三階段為評價所取得的成果。

一、確立組織的整體目標

公司制定組織的策略，要分為長期發展目標和短期發展計畫，這將有利於公司的發展。策略過於遠大，可能會使員工失去信心，要根據環境、競爭對手的情況量力而行。一個好的目標會為公司帶來競爭力，整體目標的確定要有前瞻性。目標確定之後，要把重點放在結果上而不是「追根溯源」上。

企業整體目標的設定，可以細分為以下四個步驟：

第一，企業高層管理預定目標。既可以上級提出，再同下級討論；也可以由下級提出，上級批准。首先，無論哪種方式，必須共同商量決定；其次，領導者必需根據企業的使命和長遠策略，估算客觀環境帶來的機會和挑戰。

第二，重新建立組織結構和職責分工。目標管理要求每一個分目標都有確定的責任主體。因此，預定目標之後，需要重新審查現有組織結構，根據新的目標分解要求進行調整，清楚確立目標責任者和協調關係。

第三，確立下級的目標。首先要清楚組織的規劃和目標，然後商定

下級的分支目標。分支目標要具體量化，便於考核；分清輕重緩急，以免顧此失彼；既要有挑戰性，又要有實行的可能。

第四，企業授予事業部相應的資源配置的權力，實現權、責、利的統一。

二、實現目標過程的管理

目標管理重視結果，強調自主性和自覺性，即要求事業部或員工具有自我管理能力，但這並不等於企業領導者可以當兩手一攤。企業領導者在目標實施過程中發揮著重要作用。首先進行定期檢查，利用資訊回饋管道檢查目標實施情況；其次要及時通報進度，便於互相協調；最後企業領導者要幫助下級解決工作中出現的困難問題。當出現意外、不可預測事件嚴重影響組織目標實現時，也可以透過一定的程序，修改原定的目標。

三、評價所取得的成果

杜拉克認為，企業要想取得良好的績效，就必須要求各項工作以達到企業整體目標為導向，尤其是每一位管理者都必須把工作重心放在追求企業整體的績效上。

目標考評是目標管理的重要環節，其基本目的是檢驗目標成果、考核管理績效、改進領導工作和促進下級向更高的目標奮鬥。

評價所取得的成果，可以分為以下四個步驟：

第一，建立完整的目標管理體系。企業實行目標管理，首先要建立

第七章　目標管理：自我控制意味著更強的激勵

一套完整的目標管理體系，即從企業高階主管開始，按級順推下去，由上而下地逐級確定目標。

第二，明確責、權、利。目標管理體系與組織結構相配合，從而使每個事業部都有明確的目標，每個目標都有明確的負責人。

第三，組織實施目標管理。確定目標之後，上級管理者就授權給下級員工，讓部門或員工自主地完成經營目標，完成目標主要靠執行者的自我控制。如果在確立了目標之後，身為管理者還像從前那樣事必躬親，便違背了目標管理的初衷，難以取得目標管理的效果。

第四，檢查和評價。對企業各級目標的完成情況，要事先規定出完成的期限，定期進行檢查。對於最終結果，應當根據目標進行評價，並根據評價結果進行獎罰。

綜上所述，杜拉克的目標管理的最大優點就是使一位經理人能控制自己的成就。自我控制意味著更強的激勵：一種要做得最好而不是敷衍了事的願望。它意味著更高的成就目標和更廣闊的眼界。目標管理的主要貢獻之一就是它使我們能用自我控制的管理來代替由別人統治的管理。

第四節　明確地描述並實現目標

在京瓷還是中小企業時，稻盛和夫就不知疲倦、不厭其煩地向員工訴說他的夢想：「要讓公司成為日本第一，成為世界第一。」於是，起初半信半疑的員工們不知從何時起就相信了他所說的目標，並且為實現這一目標齊心協力、努力奮鬥。

稻盛和夫在《領導者的資質》一書中，提到領導者一項重要的資質是「明確地描述並實現目標」。一旦目標明確了，無論碰到什麼困難都要實現目標。

一、確立事業的目的和意義

企業的領導者作為經營首腦，首先必須清楚自身所領導事業的目的和意義，並向部下明示這些目的和意義，盡一切可能取得他們的認同，從而獲取眾人的鼎力相助。

企業的領導者在興辦事業時，不僅要兼顧到因此而伴隨產生的社會意義，還必須注意要充分發揮每個人的能量。

因此，稻盛和夫認為一項事業的目的和意義必須是讓不管是領導者還是員工都能感受到自身是在「為了一個崇高目的而工作」的遠大目標，這是一種超越一般層次的存在。

領導者在確立事業的目的和意義並且與員工達成共識之後，就需要規劃具體目標，制定相應的計畫。在這一過程中，領導者必須居於關鍵地位，廣泛聽取員工意見，做到集思廣益。

第七章　目標管理：自我控制意味著更強的激勵

這樣做的目的是讓組織成員在目標和計畫的制定階段就參與其中，從而讓他們擁有「這是我們大家共同制定的計畫」的意識。也就是說，要讓組織成員具備積極參與組織經營活動的自主意識，這一點至關重要。

二、如何明確地描述並實現目標

首先，在設定目標時，領導者要找出一個全體成員都能接受的數字，把它作為目標。如果提出的目標過高，大家都覺得不可能完成，就容易半途而廢。

其次，把這個目標進行分解，讓團隊全體成員都擁有自己的小目標。每個阿米巴組織都要有明確的目標數字，目標必須非常具體，必須成為每一位員工的工作指標。

最後，領導者不僅要揭示目標，而且要讓大家相信目標一定能實現。如果目標是在大家充分參與討論的基礎上制定的，那麼大家就要對實現該目標負責任。如果公司自上而下、自下而上都親自參與目標的制定，那這個目標就變成了自己的目標，大家也願意付出不亞於任何人的努力去實現目標。

三、企業目標始終與員工共有

稻盛和夫認為，企業所設立的目標必須與員工共有。企業經營者要揭示企業所瞄準的方向和目標，並向員工指明這樣的方向和目標，明示組織的發展方針，描繪未來的發展藍圖，指明實現目標的具體策略等，從而引導大家共同前進。這些都是經營者的職責。

第四節　明確地描述並實現目標

企業在實現目標的過程中,不會一蹴即成,總會遭遇各式各樣的困境。如果企業所設立的目標與員工共有,在巨大的困難面前,經營者也能夠把組織團結在一起,集中大家的智慧和力量,全力以赴地達成目標。

設定具體目標,讓員工也有美好的願景。所謂具體的目標,就是在空間和時間上都必須有明確的目標。現場最小的組織單位也必須有明確的數字目標,每一位員工都要在明確的指標指導之下,抱持著具體的目標,並願意付出不亞於任何人的努力。

四、讓每一個員工都徹底了解目標

身為管理者,必須了解企業的最終目標是什麼,企業對他有什麼期望,為什麼會有這樣的期望,企業用什麼標準來評估他的績效,以及評估方式是什麼。

在具體做法上,管理者要透過「管理者報告」讓每一個員工都徹底了解目標。企業高層管理人員要求員工每年要向上級做出兩次「管理者報告」。在這種寫給上級的報告中,每位管理者都要說明上司和自己的工作目標分別是什麼,提出自己應該達成哪些工作績效,並闡述這些目標要如何去實施,解決哪些障礙,要採取的具體行動建議。

稻盛和夫認為,要達成企業的目標,就一定要讓每一個員工都徹底了解目標。也就是說,讓全體成員共同擁有一個目標,並將此作為自己的奮鬥目標。

企業有整體目標,每個阿米巴組織也要有各自的經營目標。當月的「銷售額」、「生產總值」、「單位時間核算」等目標數字,一定要裝進全體

第七章　目標管理：自我控制意味著更強的激勵

員工的腦中裡。公司裡無論問到誰，都能脫口而出。讓每一個員工都徹底了解目標，能夠提升員工的經營者意識，讓員工與企業共患難。

在京瓷的「阿米巴經營」和「單位時間核算制度」中，由於全員知曉目標、共有並貫徹目標，因此形成齊心協力實現目標的巨大能量。如果包括基層員工在內的全體員工都與企業家有共同的目標，勢必會團結一心，共同奮鬥。基於這樣的考慮，稻盛和夫就一直非常重視「目標要眾所周知，徹底貫徹」。

在企業經營中，如果能讓員工和企業家處於同一立場來思考經營活動，那麼就能超越傳統的勞資關係。為此，就必須讓全體員工具備「為企業經營出謀劃策」的主角精神，為實現目標而努力奮鬥。

第五節　樹立遠大目標

　　目標代表著企業的基本策略。企業的目標既是方向，也是承諾，目標是為了創造未來而配置企業資源和能量的一種手段。

　　企業不僅要樹立一個明確而遠大的目標，而且需要付出巨大的努力。只有樹立了遠大目標，併為之奮鬥的企業才能長盛不衰。

一、樹立遠大目標，意味著企業目標的挑戰性

　　有挑戰性的工作或者目標，將極大地激發人的潛力。因此，企業在設定遠大的目標時，應具有挑戰性，需要企業員工付出相應的努力和代價才能實現。

　　稻盛和夫在目標管理上，倡導「樹立遠大的目標」。他認為，只有胸懷大志，描繪宏偉藍圖，才能成就難以想像的偉大事業。只有擁有遠大目標的人，才能夠取得偉大的成功。企業一旦設定了遠大的目標，朝著這個目標全神貫注、全力以赴，就能走向成功。

　　稻盛和夫在建立京瓷時，就樹立了遠大的目標。他提出「京瓷要放眼全球，朝向世界的京瓷邁進」。儘管公司當時還不夠強大，但他還是把目光投向世界，立志把京瓷打造成為「世界第一的精密陶瓷企業」。

　　稻盛和夫揭示企業的願景目標，就是為了進一步提升員工的積極性，使員工充滿幹勁。他經常在「空巴」上不厭其煩地向員工訴說著夢想：「要讓公司成為日本第一，成為世界第一。」他帶領著員工為實現這一夢想齊心協力，共同奮鬥。

第七章　目標管理：自我控制意味著更強的激勵

京瓷全體員工共同擁有美好的願景和目標，就能發揮強大的意志力量，組織就會產生巨大的能量，京瓷也迅速成長為強大的企業。

企業為了實現遠大的目標，也需要與之相應的思維方法。稻盛和夫在對工作、對人生進行不斷的自問自答的過程中，精煉和產生了經營哲學，也稱「京瓷哲學」。京瓷哲學以「何為正確的做人準則」為判斷標準，明確地傳達了企業的目標，即清晰地描繪企業未來的樣貌。

二、樹立共同的目標與統一的價值觀

如何將個人的力量和責任心與組織的績效相互連結？企業要使員工具有共同的目標，朝著共同的價值觀努力。共同目標是組織與個人、人生理想和公司現實之間尋求協調與平衡的一個立足點，它增強了組織存在的必然性和合法性。

每個企業都有責任樹立共同的目標和統一的價值觀。組織必須使每個成員都能夠看到實現組織目標的意義，能夠使個人得到滿足，這樣才有可能達成個人與組織之間的合作。

如果這種責任缺失，企業將會成為一盤散沙，也就談不上發展和壯大。一方面，對個人而言，只有將個人需求融入組織利益，目標管理才真正成為員工任務和責任的依託和連結，每個人在實現個人目標的同時也實現了組織的目標，目標管理正是一種謀求組織目標與個性和諧發展的智慧和藝術。另一方面，對組織而言，透過目標管理，能夠無限擴展每個人的能力和機遇。

第五節　樹立遠大目標

案例：日收百萬的企業的目標管理

這間企業成立於 1999 年，成立後便開始打造現代企業管理體系，其中包括了重要的目標管理體系。它的成功主要得益於它獨特的經營方式、科學的決策方式和卓越的目標管理。

針對績效管理體系，企業提出了四個步驟：定目標、執行目標、取得結果以及獎優罰劣。

1. 制定高目標

在創立之初幾年，領導者提出了十分「瘋狂」的業績指標。從每天收入 100 萬元，到每天利潤 100 萬元，更進一步到每天繳稅 100 萬元。這讓公司上下都覺得匪夷所思。但是，「瘋狂」的目標最後都實現了。這些「瘋狂」的組織業績目標是建立在個人業績目標基礎之上的。這間企業個人業務目標設計，同樣展現了目標的難度是如此之高。在個人績效考核方面，這間公司採用五級標準制，每個季度、每年對個人進行績效評估。大概只有 10% 的員工能在績效考核中拿到 4 分。拿到 4 分不僅意味著 12 分的努力，還要發揮創造性。若只是按照常規的方式和方法工作，基本上達不到 4 分。

2. 如何使目標被完美執行

當目標確定以後，管理者要做的就是每個階段都對目標的執行進行觀察，根據競爭的變化情況和客戶的滿意情況，以及公司的策略部署及時調整策略和目標。比如，這間日收百萬的公司就一直堅持一個策略，每一個最小單位都要求每天早上開晨會。晨會制度是為了便於管理者了解員工昨天做了什麼，今天打算做什麼，以及為明天準備了什麼。每天

第七章　目標管理：自我控制意味著更強的激勵

的晨會，彙總到一年，就是每一天的個人行動目標變成每一年的組織行動目標。在這個過程中，管理者就能根據情況隨時調整策略，調配兵力，最終完成組織目標。

3. 取得結果

目標管理的最終的目的是取得成果，這個結果就是必須確保團隊能夠活下去，公司能夠活下去，這樣的體系就能夠持續下去。

高績的效祕訣就是，不管目標多瘋狂，都要朝著目標跑。這間企業獨特的價值觀考核至關重要。價值觀考核就像「定海神針」，讓隊伍向前狂奔的同時保持凝聚力。

在這裡，價值觀考核與業務考核各占50%。它的價值觀考核強調六個方面：客戶優先、團隊合作、順應變化、誠信、熱情和敬業。再由以上細分為數十條指標，包括具體的行為和精神層面的要求。在細分的考核指標中，也突出了業績導向的取向。

4. 獎優罰劣

在目標管理中，只有透過獎優罰劣，才知道誰拿到結果，他應該被表揚；誰沒有結果，他需要更努力。這自然地就變成了一個組織的行動和習慣。透過獎優罰劣，才能讓每個團隊調整他們的策略，調整本身的行動，一起挑戰更高的目標。

為了達成企業的目標，公司還建立了協同機制。比如，公司的管理者必須眼光長遠，確立未來5到10年的策略和目標。第二階段的關鍵在於總監，總監這層要能夠看清1到2年的目標，根據企業策略來實行一年、兩年的行動方案和計畫。再往下一層就是資深經理，經理要做的是

能夠看清楚一個季度要做什麼，要取得的階段性結果和目標又是什麼。再往下就是一般員工，要做的是確保今天的事情能夠做好，明天的事情能夠準備好。這就變成了一個組織上下一心的協同機制。目標管理和協同機制，成為企業發展道路上強而有力的推進器！

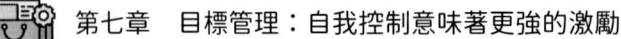

第七章　目標管理：自我控制意味著更強的激勵

本章小結

◎杜拉克與稻盛和夫的相同點：

在管理者的目標管理方面，杜拉克與稻盛和夫有異曲同工的觀點。杜拉克認為，目標管理的最大優點也許是它使一位經理人能控制自己的成就。目標管理的主要貢獻之一就是它使我們能用自我控制的管理來代替由別人統治的管理。目標管理的本質和精髓：成就激勵。稻盛和夫認為，企業領導者必須「明確事業的目的和意義」，並向部下明示這些目的和意義，盡一切可能取得他們的認同，從而獲取眾人的鼎力相助，企業所設目標必須與員工共有。

◎杜拉克與稻盛和夫的不同點：

目標管理的出發點不同。

杜拉克認為，組織目標應該從「我們的事業是什麼？我們的事業將是什麼？我們的事業應該是什麼？」這三個基本問題的答案中得出。企業的目標是企業的最根本的策略，它既是一種藉以實現企業使命的投入，也是一種用以評估工作績效的標準。

稻盛和夫認為，一項事業必須讓領導者和員工都能感受到自身是在「為了一個崇高目的而工作」，這是一種超越一般層次的存在。揭示企業的願景目標，就是為了進一步提升員工的積極性，使員工充滿幹勁。

第八章
用成效來管理：有效的決策

有效的管理者用人，是著眼於機會，而非著眼於問題。

―― 彼得・杜拉克

第八章　用成效來管理：有效的決策

第一節　提升企業管理的成效

杜拉克在多年的企業管理研究中,將研究重點轉向如何提升現代社會中知識工作者的生產率,特別是如何提升管理者的工作成效。

一、高效領導者的特徵

高效的企業領導者,往往具有這些特徵：重視目標和績效；只做正確而且最重要的事情；知道自己所能做出的貢獻；在提拔下屬時,他注重的是出色的績效和正直的品格；他知道增進溝通的重要性；他只做有效的決策。

二、如何成為高效的領導者

杜拉克在《卓有成效的管理者》一書中說：「管理者的成效往往是決定組織工作成效的最關鍵因素,所有負責行動和決策而又有助於提升機構工作效能的人,都應該像管理者一樣工作和思考。」杜拉克闡述了如何提升管理的成效、如何成為一名高效的領導者的方法,從而在職業生涯中實現成長和超越。

(1)確定必須要做的事情。

高效的領導者將精力集中在一項任務上,確定哪些屬於優先項目,並且緊抓不放。他們會根據組織的價值體系,來確定目標的優先順序,設定完成任務的優先順序。

(2)優先思考和實施符合企業利益的事情。

那些高效率的企業領導者，不管做什麼事情，都用分清主次的辦法來統籌做事。他們用 80% 的精力做能帶來最高回報的事情，而用 20% 的精力做其他事情。所謂「最高回報的事情」，即是符合「目標要求」或符合企業利益的事情。

(3)制定實際可行的行動計畫。

企業領導者應是實幹家，執行計畫是他的一項重要的任務。在付諸行動之前，他們必須規劃好自己的行動路線。首先，確定自己想要的結果。其次，考慮行動時會受到的約束。在制定計畫時，應當預先考慮它的靈活性。最後，行動計畫必須成為領導者管理時間的基礎。

(4)激發對目標的強烈熱情。

做一項業務，如果沒有強烈到足以激發行動的願望，那麼無論目標的意義多麼重大或者計畫多麼完美，都很難把事情做好。因此，高效的領導者能產生一種達成目標的熱情，這是一種真正的、具有強勁動力的熱情。充滿熱情並且把願望引導到個人和組織目標上的領導者，其成效和效率會有顯著提升。

(5)在溝通中找到解決方案。

高效的領導者要確保自己的行動計畫和需求等資訊能夠被他人理解。評估自己和他人，建立雙向溝通，創造激發巨大生產力的條件，調整自身行為方式來適應各種人和環境。使自己和周圍的人精神更集中，更有效率，提升生產力，並且在溝通中找到解決方案。

(6)每一場會議都必須富有成效。

為了確保會議的效果，企業領導者就要保證開會時談論的都是工

第八章　用成效來管理：有效的決策

作，而不是閒話。提升會議成效需要採取大量約束性措施，它要求領導者先確定合適的會議類型，然後嚴格遵循相應的形式。另外，會議達到了特定目標後，就必須立即結束。高效的領導者不會再提出其他問題進行討論，而是在做完總結後就宣布散會。

杜拉克由此總結說，高效管理者在性格、優勢、價值觀等方面是天差地別的，但是他們有一個共同點，那就是都會去做正確的事。提升管理的成效是一門學問，就像其他所有學問一樣，我們能夠學會，而且必須學會。

第二節　有效決策的關鍵要素

有效決策是能夠保證組織朝著一系列既定目標前進的決定。對於企業領導者來說，必須要注意領導決策的有效性，尤其是客觀的有效性。

一、決策是管理的中心

決策在現代企業管理中有著重要的地位和作用。管理就是決策，決策是管理的中心。管理關注的不再是如何控制員工，而是如何激發員工的創造力和工作熱情，使員工形成相同的價值觀，並與管理者共同分享資訊和決策的權力。

決策會貫穿整個管理過程，存在於一切管理領域，存在於管理中每一個方面、每一個層次、每一個環節；決策不僅確定管理的方向和目標，還為達到管理目標提供行動方案，並改善方案。

杜拉克認為，管理者的任務繁多，「決策」是管理者特有的任務。有效的管理者，做的是有效的決策。決策是一套系統化的程式，有明確的要素和一定的步驟。一項有效的決策必然是在充分討論的基礎上形成的，而不是在「眾口一詞」的基礎上形成的。

二、有效決策的五個要素

杜拉克在《卓有成效的管理者》一書中說，卓有成效的管理者之所以能夠做到卓有成效，是因為他能夠對自身的優勢和劣勢有所認知，能夠進行有效的溝通、決策，並充分發揮領導能力。

第八章　用成效來管理：有效的決策

杜拉克提出了有效決策的五個要素：

(1) 要充分了解問題的性質。

分析問題的性質是做決策的第一步，問題的性質大致可以分為經常性問題和偶發性問題。如果一個問題是經常性發生的，那就需要建立規則或原則；如果是偶發事件，就一事一議。有效的決策需要花時間來確定事情的性質，一旦事情定性錯誤，決策的結果也不會正確。因此，需要尋求一個系統化解決問題的方案。

(2) 要確實找出解決問題的邊界條件。

所謂「邊界條件」，是指決策應該達到的最低目標是什麼。邊界條件闡述得越清楚具體，則據此做出的決策越有效。

(3) 研究「正確」的決策是什麼。

確定了問題的性質和解決問題的邊界條件，就需要仔細思考解決問題的正確方案是什麼，以及這些方案必須滿足哪些條件，然後再考慮必要的妥協、讓步。但是妥協、讓步絕不是折中，折中的方案不能滿足任何一方的需求，實際上也是最無效的方案。

(4) 決策方案同時兼顧執行措施。

我們必須讓決策變成可被貫徹的行動，一項決策如果不能轉化為行動，對組織不會有任何意義。考慮邊界是決策過程中最難的一步，化決策為行動則是最費時的一步。一項決策在實施時如果沒有列出具體的行動步驟，並指派具體的工作和責任，就很難落地。

(5) 重視執行過程中的回饋。

有行動就應該有行動結果的回饋。決策的最後一個要素，是應該在決策中建立一項回饋機制，以便經常對決策預期成果做實際的印證。

決策是人做的，難免有疏漏，也不可能永遠正確。一方面要糾錯，另一方面要與時俱進。所以決策需要不斷地回饋調整。

三、重大決策必須面向未來

杜拉克認為，所有的重大決策必須面向未來，是為了解決明天的問題，開創企業新的成長空間。因此，需要決策者有對明天的判斷和想像力，不能僅僅依靠過去的事實和評價標準來決定未來的出路。

在進行企業決策時，應充分考慮企業第一線員工的經驗和知識，因為既是他們最早發現企業存在的各種問題，又是他們透過高效的執行和實施，最終解決問題。企業領導者的主要任務就是幫助員工實現他們的願望，給予員工自主經營的權力，讓他們按自己的願望工作，變被動接受工作為積極主動工作。

因此，企業應該盡可能將決策權下放，對未來的願景，合理分配企業資源，獲得實時回饋，到最低層級，越接近行動的現場越好。

第八章　用成效來管理：有效的決策

第三節　將行動納入決策當中

一、什麼是行動力

行動力，是指願意不斷地學習、思考，養成習慣和動機，進而獲得成功結果的行為能力，其要素包括執行力、影響力和協調力。

在企業管理中，行動包含著執行與溝通，是企業制定與落實思想和策略的具體行為和過程。執行力屬於行動力，它連結了策略與目標，目標的實現有賴於對策略的正確執行，最終歸結到對企業核心理念的堅定奉行；溝通也屬於行動，並將思想、策略和行動連接起來。思想起源於與現實世界的溝通，並透過溝通形成策略，透過溝通按策略採取行動，也透過溝通實現對思想、策略和行動的回饋。優秀企業的行動應當是強勁而迅速的，即所謂強勢行動，包括「切實執行、有效溝通和快速反應」，它是管理者最基本的職務能力。

二、有效的決策需要強大的行動力

杜拉克認為，有效的決策就是將行動納入決策當中。化決策為行動是最費時的一步。然而從決策開始，我們就應該將行動的承諾納入決策中，否則便是紙上談兵。

企業管理必須始終把財務績效放在首位，並付諸行動。在每一項決策和行動中都要以財務績效作為出發點，企業的各個目標必須源於「企業主要業務是什麼、它將來會是什麼和它應該是什麼」。它們不是抽象

的，而應是對行動的承諾，是實現企業使命的一種投入。

達成目標，做決策，需要樂觀地構思，悲觀地計劃，樂觀地實行。想要成就新的事業，首先要有「期望如此」的夢想與希望，非常樂觀地設定目標，這比什麼都重要。在制定計畫的階段，要以「無論如何都要成功」的強烈意志，悲觀地審視目標和構想，設想到一切可能發生的問題，慎重縝密地思考對策。在實行階段，則應抱著「一定能成功」的自信，積極樂觀、毫不動搖地實施下去。

決策完成之後，積極地付諸行動。在工作中能夠實現新目標的人，是那些相信自己可能性的人。透過持續努力，人的能力就能無限擴展。一個人抱著「無論如何都要成功」的強烈願望，堅持不懈地付諸行動。

相信行動的力量，要始終相信自己擁有無限的可能性，滿懷勇氣，發起挑戰，這種心態對決策的成功非常重要。

第八章　用成效來管理：有效的決策

第四節　實現工作成果

杜拉克在《卓有成效的管理者》一書中說：「卓有成效如果有什麼祕訣的話，那就是善於集中精力。卓有成效的管理者總是把最重要的事情放在前面優先處理，而且一次只做好一件事。一次只做好一件事，恰恰就是加快工作速度的最佳方法。」

有效的管理者一定注重貢獻，並懂得將自己的工作與長遠目標相互結合。可是大多數的管理者都做不到這一點，他們重視勤奮，但忽略成果。他們耿耿於懷的是，所服務的組織和上司是否虧待了他們，是否該為他們做些什麼。他們抱怨自己沒有職權，結果是做事沒有效果。

一、重視貢獻是有效性的關鍵

重視貢獻是有效性的關鍵，展現在以下三點：

第一，承諾於每個階段的核心目標。

管理者想保證工作產出的第一條，就是每個階段都能規劃提煉一個核心目標，然後堅決圍繞這個目標來安排日常工作。

重點強調的是，公司業務目標是基礎，個人發展目標是結果，即透過公司業務目標的實現，來達成個人目標的實現。

第二，高效能人士的象限。

首先，緊急且重要的事情一定不能多。因為緊急且重要的事情必須先做，所以這個象限的事情一定不能多，否則說明你在第一條工作上有問題。其次，緊急但不重要的事情，盡量不要馬上做，分析歸納類型，

定期完成即可。因為這一類型的工作最容易打亂一個人的工作節奏，扼殺一個人的工作效率。再次，不緊急但重要的事情，集中大塊時間，重點做，長期做，高品質做。最後，不緊急且不重要的事情，能不做就不做。需要外部合作的事情優先做。

第三，定期回饋。

工作就像行軍作戰，工作環境和目標也是變化的，定期報告位置，是能救命也能立功的好習慣。相反，孤軍深入是最危險的。

如何養成定期回饋的習慣呢？其實很簡單，從心裡把回饋當成工作中最重要的一環就可以了。不是應該回饋，而是必須回饋。

二、如何實現工作成果

實現工作成果，則要做到以下三點：

第一，要闡述工作的意義。

不僅在情感上打動員工的心，而且需要透過訴說工作的意義，激發他們的積極性和主動性。當他們發現了自己工作中所包含的意義，就會熱情高漲，最大限度地發揮自己的潛力。

第二，樹立遠大目標。

為了進一步提升員工的積極性、使他們充滿幹勁，揭示企業的願景目標是非常重要的。企業的全體員工共同擁有美好的願景，大家都具備「非如此不可」的強烈願望，那麼強大的意志的力量就能發揮出來，組織就會產生巨大的能量，超越一切障礙，朝著夢想實現的方向前進。

第三，讓員工發自內心地擁護你、佩服你。

第八章　用成效來管理：有效的決策

　　為了讓員工擁護自己，就需要忘卻自我，優先考慮員工的利益。換言之，就是讓員工迷戀你，為你的魅力所傾倒，要把員工當成共同的經營夥伴。為此，經營者自身就必須要有自我犧牲的精神。

　　企業所做的一切出發點都是為了員工的時候，員工勢必也能夠感受到企業的真誠。科學化的管理能讓一切有規範、有條理，卻不能讓一個有情感的人煥發出活力與熱情。只有認可、尊重等「人性化」管理才能讓人感受到尊重與溫暖，激發員工的工作熱情，才能創造出巨大的工作成果和財富。

第五節　高效管理者擅長激勵人心

稻盛和夫認為，使員工明白企業的經營目的，並且讓員工分享公司的經營成果，是激勵員工的有效措施。稻盛和夫在經營京瓷時，就以大家庭的利益使大家明白自己在做什麼，做完以後能得到什麼。他讓員工持有一部分公司的股票，使大家感受到大家庭的氛圍。透過這樣的策略，稻盛和夫得到員工的信任和支持，並且激發了員工的工作熱情。

稻盛和夫提出了「經營十二條」及「六項精進」等內容，並且一直積極踐行。他也從以下幾個方面，使自己成為一名卓有成效的領導者。

一、言行一致，以身作則

高效的領導者要注重團隊合作和個人責任，要讓人們感到自己是強而有力的、有能力的和勇於承擔責任的人。

這是身為一個正直的企業領袖最基本的行為準則，更是領導者必須具備的重要特質。以身作則就是透過領導者個人的直接參與和行動，為自己贏得領導者的權力和尊重。人們往往首先追隨領導者本人，然後才是事業。

職務固然重要，但更重要的是靠自己的行為贏得人們的尊重。要有效地為他人樹立榜樣，領導者必須首先清楚確立自己的指導原則和價值觀。

領導者的行為比語言更重要，它能夠反映出領導者是否認真對待自己所說的話。言行一致、以身作則的領導者總是身先士卒、樹立榜樣，透過每天的行動來表明自己正在為某些信念而奮鬥。

第八章　用成效來管理：有效的決策

二、共啟願景，描繪未來

高效的領導者為組織描繪了一個激動人心、富有吸引力的未來，他們有願景，對未來擁有夢想，他們絕對相信這些夢想，並且相信自己有能力讓奇蹟發生。

領導者要激發人們的共同願景，就一定要了解追隨者。要獲得眾人的支持，領導者就要完全了解眾人的夢想、希望、抱負、願景和價值。

領導者要不斷地告訴追隨者，這個夢想符合大家的利益。領導者要用生動的語言和極具感染力的方式描繪團隊的願景，點燃大家的熱情。

三、推進變革，挑戰現狀

高效的領導者要從現狀出發推動組織變革。領導者既是管理創新的倡導者，也是學習者，應善於從成功和失敗中吸取經驗和教訓。

四、激勵人心

高效的企業領導者要鼓舞員工前進，用真誠的行動讓員工鼓足幹勁，奮發向前。領導者工作的一部分就是要讚揚人們的貢獻，在組織中創造一種慶功的文化。領導者要從行動上把獎勵與業績連結起來，並保證讓大家看到。

稻盛和夫認為，要想使員工具備某種特質，領導者首先得自己擁有這方面的良好特質。所以在激勵員工時，領導者首先要學會控制自己的情感。因為領導者的態度和情緒會直接影響與其一起工作的員工。如果領導者情緒低落，那麼他的員工也將受到影響而變得缺乏動力；如果領

導者滿腔熱情，那麼他的員工必然也會充滿活力。

領導者必須掌握鼓舞員工士氣的技巧，只有激發員工的工作熱情，企業才能以最低的成本創造最高的價值，並能不斷受益，不斷發展。

要激勵員工、激發員工的工作熱情，領導者首先應該理解員工的內心，並且學會讚美，適時提拔員工。每個員工都有實現個人價值的強烈願望，領導者善於欣賞和認可員工，正是對他們的最好激勵。

第八章　用成效來管理：有效的決策

第六節　稻盛和夫的決策哲學

　　科學化的決策是企業管理的核心，決策貫穿整個企業管理活動，決策是決定管理工作成敗的關鍵。

　　關於科學化有效的決策，稻盛和夫認為，領導人要有勇氣做出不受歡迎的決策，言人所不敢言。很多時候領導者必須做出困難的決定，如解僱員工、削減專案計畫的經費等。面對員工的抱怨與抗拒，領導人要耐心聆聽並親自解釋清楚，但要勇往直前。

　　稻盛和夫在決策時，將「作為人，何謂正確」作為所有問題的哲學前提，哲學思考決定著決策的科學性。稻盛和夫在經營企業的過程中，經常碰到很多問題，如稅務的問題、員工離職的問題、產品品質的問題等。在這些問題的解決過程中，他總結出來一套決策哲學，即作為一個人，你該怎麼做才算正確。他相信，按此指引，人就能做出正確的決策。

一、決策與稻盛哲學

　　每個企業決策者都有自己的世界觀，決策者的決策思維和決策行為受到其世界觀的制約或支配。

　　哲學是理論化、系統化的世界觀。稻盛哲學是在面對「作為人，何謂正確？」或「人為什麼而活著？」這種根本性問題、克服各種各樣困難的過程中孕育產生的工作和人生的指標，也是引導京瓷發展至今的經營的哲學。稻盛和夫把「作為人，何謂正確？」作為基準進行判斷，採取行動。

第六節　稻盛和夫的決策哲學

作為企業決策者，則應以稻盛哲學為指導，掌握決策的思維方式和規律，根據預設目標，運用科學的方法、依照科學的程序進行決策。在決策過程中，要善於運用稻盛哲學「作為人，何謂正確？」的基本原理去思考，把稻盛哲學滲透進入決策的每一個環節中，使做出來的決策更符合科學與人性。

二、決策的方法論

決策行為大抵上分為三個過程：第一階段，確立問題所在，提出決策目標；第二階段，從各種方案中篩選出最佳方案；第三階段，做出最終決策並建立相應的回饋系統。

第一，起點就是確立問題。

在決策之前，調查研究問題及與問題相關聯的一切，這是科學化決策的前提。決策總是需要解決某一個問題，而問題的本身各要素之間存在相互制約、相互影響的關係，因此需要對各種問題有清晰的界定。分析和擬訂各種可能採取的行動方案，預測可能發生的問題並提出對策。建立在問題基礎上的決策目標，才體現出決策的價值。

第二，制定與選出最佳方案。

擬訂方案的過程就是設想、分析和篩選的過程。企業找到了制約發展的問題，擬訂的方案要緊緊圍繞著問題的本質。為了使決策具有應變性和選擇性，在擬訂決策方案時要具有前瞻性和應變性，做到有備無患。

從各種方案中篩選出最佳方案，則是一種比較的過程。企業領導者要在兩個或兩個以上的方案中進行全面的比較，合理篩選。在比較和篩

第八章　用成效來管理：有效的決策

選的過程中既要考慮到方案的經濟效益，又要看是否符合「作為人，何謂正確？」這個基準。

第三，做出最終決策並建立相應的回饋系統。

科學化的決策是企業管理者的主要職責，決策者的任務，除了組織和激勵人們實施決策外，還要審視決策方案實施的效果，從中找出問題、形成方案、實際施行、回饋修正這樣一個循環往復、螺旋式上升的模式，使決策始終在一條合乎科學的實際的軌跡上運行。

決策是哲學思維過程和實踐行動過程相互結合的產物。稻盛哲學決定著決策者對事物認知的立場和觀點，方法論指導著決策程式的科學性。這要求企業管理者在決策的過程中進行哲學思考。

企業管理者在進行決策時，還要具有準確的決斷能力，信守答案在現場的理念，即重視在實踐中發現問題和解決問題。管理者的實踐活動是建立決策和考察決策正確度的標準。只有在充分管理實踐後做出的決策，才是符合實際和有價值的，否則這個決策方案就是紙上談兵。

案例：馬斯克：做的是別人想不到的事

伊隆．馬斯克（Elon Musk）是美國太空探索技術公司（SpaceX）CEO、特斯拉（TESLA）公司CEO。在2022年，以2,190億美元財富成為世界首富。

1. 太空夢想：將想法付諸行動

馬斯克在大學修過物理學，但他並不是個火箭專家。2001年年初，馬斯克策劃了一個叫「火星綠洲」（Mars Oasis）的專案，計劃把一個小型實驗溫室降落在火星上，包括要在火星土壤裡生長的農作物。不過當他

發現發射成本比這個專案的研發和建置成本都要高得多的時候，他暫緩了這個專案。

但馬斯克並沒有放棄登陸火星的夢想。此後，他決定先成立一個公司來研究怎樣降低發射成本，這就是 SpaceX。2008 年 9 月 28 日，獵鷹 1 號火箭首次成功發射，這是私人航天公司研發的燃液態燃料引擎火箭第一次成功進入地球軌道。

2012 年 5 月 31 日，馬斯克旗下公司 SpaceX 的「天龍號」太空船成功與國際太空站對接後返回地球，開啟了太空運載的私人營運時代。

2. 做出成功的決策：打造特斯拉

在闖入航天業的同時，馬斯克還闖入了汽車業，締造了著名電動車公司——特斯拉。

馬斯克向特斯拉公司注資 650 萬美元，成為公司最大股東及董事長。馬斯克為特斯拉帶來了 SpaceX 公司的工作風氣，每個人都必須拚命工作，沒有週末，睏了就睡在桌子底下。

馬斯克還為特斯拉帶去了產品哲學。他很清楚，特斯拉的第一批使用者是富人，而要讓富人買單就必須打造一款具有魔幻氣息的電動車。

特斯拉的成熟產品 Model S 就是這樣一款汽車。該車每次充電可以跑 300 多公里，行駛過程中靜音效果極佳，駕駛需要的大部分功能都集中在一個 17 英寸的觸控式螢幕上。車身的設計也很性感，當人靠近車身時，車門會自動打開，車子的許多維修可以透過連接網路完成，其實就是更新軟體。有車主將 Model S 形容為「一臺在輪子上運行的電腦」。

馬斯克開發特斯拉的目的是改變汽車工業對石油的依賴。但是，只

第八章　用成效來管理：有效的決策

有特斯拉自己做，這個產業無法做大，尤其是充電樁難以普及。為徹底顛覆汽車工業，馬斯克在 2014 年對外界宣布開放特斯拉的所有專利。

雖然特斯拉已經取得了行業領導地位，但馬斯克很清楚，距離普及電動車的願景還有很長的路要走。

馬斯克勇於挑戰那些不可能的目標。當他開發 PayPal 時，人們認為銀行業是一個禁區；當他創立 SpaceX 公司時，人們認為發射私人火箭簡直是天方夜譚；當他投資特斯拉時，人們不相信電動車可以製造快速、性感和便宜。馬斯克今天的成就源自最初的夢想和執著。他以一己之力提升了所在領域的工業水準；他的企業家精神、科學化的決策和堅定的行動力，使他能夠做到別人想不到的事。

本章小結

◎杜拉克與稻盛和夫的相同點：

　　兩者都尊重科學化決策。杜拉克認為，有效的管理者，做的是有效的決策。一項有效的決策必然是在充分討論的基礎上做出的，而不是在「眾口一詞」的基礎上做成的。稻盛和夫認為，作為企業的決策者，應掌握決策的思維方式和規律，根據預定目標，運用科學化的方法、依照科學程序進行決策。

◎杜拉克與稻盛和夫的不同點：

　　1. 激勵員工的措施不同。

　　杜拉克認為，科學化管理能讓一切有規範、有條理，卻不能讓一個有情感的人煥發出活力與熱情。只有「人性化」管理才能讓人感受到尊重與溫暖，激發員工的工作熱情，才能創造出巨大的工作成果和財富。

　　稻盛和夫則使員工明白企業的經營目的，並且讓員工分享公司的經營成果。以大家庭的利益使大家明白自己在做什麼，做完以後能得到什麼。他讓員工持一部分公司的股票，使大家感受到大家庭的氛圍。

　　2. 決策的思考方式不同。

　　杜拉克提出有效決策的五個要素：要確實地了解問題的性質；要實際找出解決問題的邊界條件；研究「正確」的決策是什麼；決策方案兼顧執行措施；重視執行過程中的回饋。

　　稻盛和夫在決策時，將「作為人，何謂正確？」作為所有問題的哲學前提。他總結出來一套決策哲學，即身為一個人，你該怎麼做才算正確。他相信按照這樣的指引，人就能做出正確的決策。

第八章　用成效來管理：有效的決策

第九章
是誰創造利潤：參透利潤的本質

顧客是企業生存的基礎。創造顧客必須先考慮如何滿足客戶的需求、如何意識到客戶考慮的價值所在，更重要的是究竟如何創造客戶的需求。企業只有贏得了顧客，才能真正擁有市場。所以，企業的目的只有一個：創造顧客。

—— 彼得・杜拉克

第九章　是誰創造利潤：參透利潤的本質

第一節　經營的本質是創造顧客

「創造顧客」是杜拉克思想的核心價值觀。杜拉克說：「關於企業的目的，唯一正確而有效的定義就是創造顧客。」只有創造顧客才能成就企業！卓有成效的管理者都會提出這樣的問題：「什麼是顧客？顧客覺得有價值的是什麼？顧客是怎麼個買法？顧客需要些什麼？」於是優秀的企業創造出顧客，占有了市場。

一、顧客決定企業的前途

顧客成為企業最重要的稀有資源，顧客決定著企業的命運與前途。因此，誰能占有更多的顧客資源，誰就擁有更多的市場占有率，在激烈的市場競爭中立於不敗之地。正如杜拉克所言：「評估一個企業是否興旺，只要回過頭看看其身後的顧客隊伍有多長就一清二楚了。」

什麼是創造顧客？企業創造顧客，就要創造消費條件，消除消費或交易的障礙，使購買行為得以成立，使銷售行為順利進行。創造顧客需要採取有計畫、有步驟、有組織的措施，這些措施構成一種商業模式。

要了解企業就要了解企業的外部，要了解企業的外部就要從企業的顧客開始，這是杜拉克管理實踐的基本邏輯。企業自身的產品並不會影響企業的前途或者成功，而是顧客最後決定企業的前途和成功。如果顧客改變了，企業也要隨之改變。企業要用新的經營模式、產品組合或運用既有的知識，創造並滿足顧客的需求。

二、為何以顧客為中心

　　真正的顧客導向精神是偉大企業的特徵。企業為了創造顧客，必須建立兩項基本職能：第一是市場行銷；第二是創新。

　　在企業中只有市場行銷和創新能夠產生出經濟成果，其餘的一切都是「成本」。從顧客的觀點來看，市場行銷就代表整個企業的重心。因此，企業的所有部門和全體員工都必須保持對市場行銷的關注，肩負起行銷的責任。管理的第三項任務，叫由內而外，也就是以顧客為中心。

　　管理者應該從人的角度來認識企業，市場是由人創造的，因此應該從顧客的角度去感知和界定企業應該提供什麼樣的商品與服務。

　　顧客是企業生存的基礎。創造顧客必須先考慮如何滿足客戶的需求、如何了解客戶考慮的價值所在，更重要的是究竟如何創造客戶的需求。企業只有贏得了顧客，才能真正擁有市場。

　　不僅是與客戶直接接觸的員工，公司所有的人都要認真地聽取客戶的意見和要求。客戶期待的是什麼？怎樣才能讓客戶高興？每個人都要站在自己的職位上進行分析，採取行動。

　　能讓客戶感動、讓客戶從內心感到滿意的服務，不是從服務手冊中產生的，而是在與客戶的互動中產生的。客戶究竟期待什麼，要仔細地體會，以最佳的方式予以實現。客戶的希望和需求，要用自己的心去感受，用自己的心去回應，這比什麼都重要。要在與客戶的溝通交流中，創造出對客戶最高水準的服務。

　　稻盛和夫認為，經商的根本，在於「取悅顧客」。只有對顧客的態度和服務是沒有界限的。徹底地為顧客奉獻，是經營的原則之一。

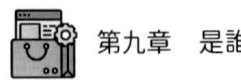

第九章　是誰創造利潤：參透利潤的本質

　　稻盛和夫經常對員工說「要做顧客的僕人」。這句話表明了與顧客打交道的態度，同時意味著將「顧客至上」貫徹始終。

　　京瓷在經營中，無論是研究、生產還是銷售，各個部門都要徹底地理解和重視顧客的需求。事實上，對剛起步的高風險企業來說，這是唯一的生存之道。

　　稻盛和夫一直強調，要把自己定位為心甘情願地為客戶服務的僕人。「心甘情願」不是「勉強不得已」的意思，而是樂於當客戶的僕人，主動、愉快地為客戶服務。

第二節　企業需要利潤計畫

彼得‧杜拉克在《管理實踐》利潤篇中談道：利潤是抵抗風險的支柱。

企業首先必須能夠創造顧客，因此需要市場行銷目標，需要有利潤，否則沒有一個目標能夠實現，因為做什麼都需要錢。

一、利潤和企業的關係

杜拉克認為，利潤和企業的關係就好比食物和人的關係，利潤是維持企業生存的糧食。然而，企業的目的卻不是利潤，企業成功經營的評估標準也不是利潤最大化。企業的目的就是創造顧客需要的價值，企業成功經營唯一正確的評估標準就是這種價值創造能力的最大化。

因此，企業需要做到以下四點：

第一，尋找市場定位。

有計畫地放棄舊業務和持續創新，不斷檢討企業的市場定位，謀求自身的「生態適當位置」，才能源源不斷地創造出經濟增加值。創新就是從發現和辨認這樣的機會開始的。

第二，人人成為經營者。

營造一種機制和氛圍，鼓勵和幫助每一位員工，在不同程度上成為創業和創新的工作者，並讓他們分享創業和創新的果實。使企業中的每一個人都以不同的方式，在不同的程度和範圍內成為企業家，重拾自信、自豪和自尊。

第九章　是誰創造利潤：參透利潤的本質

第三，合理定價。

為產品和服務制定合理的價格政策，既不受「利潤最大化」的迷惑，高價追求超額利潤，也不受市場壟斷地位的引誘，為了擴大市場占有率而低價競爭。歷史悠久的杜邦公司始終保持清醒的頭腦，即使它發明的產品處於專利權保護的期間，定價也只在當時市場可接受價格的60%左右，因為他們明白利潤總額永遠等於利潤率乘以銷售量。

第四，不謀求壟斷。

杜拉克曾經專門探討什麼是一個企業最佳的市場占有率，太小了容易淪為邊緣企業，在經濟不景氣時被淘汰出局；太大了則容易使人昏昏欲睡，不求上進。有遠見的企業家，應該自覺地不允許自己的企業成為行業壟斷者，不謀求壟斷。

二、企業需要利潤計畫

杜拉克提出了從八個不同的領域來尋找並制定目標，以達到長期與短期目標之間的平衡、外界與內在的平衡、個人績效表現與團體目標的平衡。只有這樣，企業才有可能永續經營。

這八個不同的領域分別是行銷目標、創新目標、人力資源目標、財務資源目標、實體資源目標、生產力目標、社會責任目標和利潤目標。

企業只有設定上述關鍵領域的目標之後，才能確定企業的利潤目標。

「利潤」是為了滿足三個方面的需求：第一，支付企業繼續經營的「成本風險保險費」；第二，企業執行未來工作的資本來源；第三，企業創新及經濟成長的資本來源。

杜拉克給我們的忠告是，利潤是需要規劃的。這種計畫的著眼點不是什麼最大化的利潤，而是維持企業生存和發展至少需要準備多少利潤才安全，才足以支付成本。在正確理解利潤的前提下，就可以用它作為有效的管理工具，來評估一個企業全部努力的正確性和淨效率。

利潤是未來的資本，是顧客未兌現的支票。同時，利潤是企業經營成果的最終檢驗標準，是評估經理人管理能力的依據。

三、企業財務部門是利潤管理的推手

當市場競爭越來越激烈，企業盈利水準趨於微利時，企業的利潤控管就顯得十分重要。

一方面，由於市場競爭激烈，企業規模經濟效應不斷降低，企業增加規模，也未必能產生規模經濟效應，甚至出現銷售越多、虧損越多的狀況，有訂單不一定有利潤。另一方面，市場放緩後，企業成長也比較乏力，企業依靠規模成長來增加更多利潤，也面臨困難。

商業的本質，是投入與產出的合理化。企業需要在投入和產出方面找到平衡，並作出最佳決策。如果考慮控制成本，企業不增加投入，就會喪失成長動力；如果盲目擴大投資，投資效率不高，又會造成成本大量增加，利潤因此受到影響。營收下滑，經濟環境下滑，在雙重壓力的影響下，企業的盈利將變得更為困難。

企業的出路在於，要在資源效率上做文章，提升投資報酬率，透過內在價值成長，提升經營效益。

在經濟轉型期，企業財務部門責任重大。財務部門應該更多參與企業經營管理決策，成為利潤管理的推手。

第九章　是誰創造利潤：參透利潤的本質

第三節　企業要光明正大地追求利潤

稻盛和夫在《高收益企業》一書中說，若公司利潤不能保證生存，任何夢想都無從談起。作為企業，沒有利潤就無法生存。在競爭激烈的市場環境中，由正當的競爭結果決定的價格就是合理的價格，以這個價格堂堂正正地做生意所賺得的利潤，就是正當的利潤。

全體員工用光明正大的方法，付出不懈的努力，作為結果而獲得的利潤是值得尊重的、無可非議的。

在激烈的價格競爭中，努力推進合理化，提升附加價值，才能增加利潤。在所獲利潤中，要繳納稅金，支付員工薪資，給股東分紅，併為將來的投資做準備。同時，利潤的一部分作為內部留存儲蓄起來，以強化企業的財務體質。這樣就可以承受因經濟和國際情勢變動等無法預測的事件帶來的業績惡化。作為結果，員工可以帶著自豪感安心工作，企業也為社會做出了貢獻。

一、為什麼說定價決定經營

稻盛和夫認為，定價關乎經營的生死。是薄利多銷還是厚利少銷，可以說定價有無數種選擇。

企業經營者必須在正確認清自己產品價值的基礎上，找到銷售量與利潤率的最大化的那一點，而且這一點必須是客戶和企業雙方都樂於接受的價格。為了找出這一點，定價時必須深思熟慮。

企業要形成玻璃般透明的經營。京瓷以信賴關係為基礎開展經營，

第三節　企業要光明正大地追求利潤

包括會計在內的所有業務全部公開，形成了無懈可擊的體系。舉例來說，在「單位時間核算制度」裡，所有部門的經營業績都向全體員工公開。一方面，自己的阿米巴組織的利潤是多少，具體內容如何，任何人都可以輕易了解。另一方面，每個人都敞開心扉，在工作上追求公開性。公司內部如同玻璃般透明開放，員工就能夠聚精會神地、全心全意地投入工作中。

二、企業如何創造利潤

稻盛和夫認為，作為企業，沒有利潤就無法生存。追求利潤既不是可恥的事，也不違背做人的基本原則。

身為公司的領導人，必須找出工作中蘊含的意義，激發員工的鬥志。還要力求提升生產效率，爭取從業務中創造出10%的利潤。而要實現這一點，就要革新與改進，盡一切努力降低成本，在實現10%的利潤率之後，再考慮下一個步驟。

經營者必須為企業的發展和員工的幸福去追求利潤。光明正大地追求利潤，需要做到以下七點：

第一，身為經營者，領悟經營的原點，就是堅守「銷售最大化，經費最小化」。

銷售減去經費就是稅前利潤，我們作為經營者就是要努力提升銷售量，徹底地減少經費支出。這樣一來，利潤必定隨之而來。

第二，身為經營者，一定要時時了解如何盈利和如何虧損的理由。

為此，我們需要建構業務部門的阿米巴核算體系，分析業務部門是否盈利；建構研發部門的核算體系，釐清是否具有創造研發價值，包括

第九章　是誰創造利潤：參透利潤的本質

對於未來專案的投資目標和實現的成果；製造部門更需要建構以更小單位為核算體系的阿米巴經營。讓我們分析單位時間附加值實現的情況，分析各部門實現的經營指標情況，並不斷改善損益表和資產負債表。

第三，經費最小化。

能否確保經費最小化是成功的關鍵，以此更進一步完善管理，排除一切浪費，讓每一位員工理解控制成本的重要性。透過成本的控制，也能提升內部的實力，降低企業經營的盈虧平衡點。

第四，銷售最大化，經費最小化，是培育高收益企業的必經之路。

高收益的公司透過改善經營，獲得較高毛利，經費也得到控制。這種高收益的體質能夠提升企業在經濟蕭條時期的風險抵禦能力，讓企業不但度過難關，還能獲得更大的發展機遇。

第五，高收益能夠增加自有資本。

企業不斷創造更好的利潤，除了股東確立的分紅原則，更多的累積成為企業的自有資本，增加抗風險的實力。

第六，銷售額恢復或成長的時候是實現高收益的良機。

在銷售成長時，一切經費控制很好，企業實現高收益，讓全體員工受到激勵，感受付出的喜悅，並堅定奮鬥的信心。

第七，提升核算意識。

經營者必須始終具備很強的核算意識，並且全體員工都要具備自覺參與經營的強烈意識。在企業經營中，即使在銷售目標無法達到的狀況下，透過削減開銷，仍有可能死守住利潤目標。意識到利潤是銷售與費用之差，達成計畫中的利潤目標是理所當然的事。無論在何種狀況之

下，我們都必須努力讓利潤最大化。這樣不斷累積，才能增加企業的內部儲蓄，鞏固企業的基礎，以應付「黑天鵝」的衝擊。

無論是蕭條還是成長時期，企業都需要始終堅守「銷售最大化和經費最小化」的經營理念，並具體落實到經營的各項活動中，成為經營的本質和原點。

第九章　是誰創造利潤：參透利潤的本質

第四節　外部市場與內部市場化

杜拉克認為創新的焦點是市場，不是產品！企業的創新必須永遠以市場為焦點。如果只是把焦點放在產品上，雖然能創造出「技術的奇蹟」，但只會得到一份令人失望的報酬。

一、杜拉克的企業家策略

市場機制主要靠獲利驅動，機制調節。如何成功地將一項創新引入市場、贏得市場是創新市場策略的主要課題。基於多年的理論和實踐應用研究，杜拉克具體闡述了四種企業家策略，包括「孤注一擲」策略、「攻其軟肋」策略、「生態利基」策略以及「改變價值和特徵」策略。

第一，「孤注一擲」策略。

「孤注一擲」策略，是指企業以主導一個新市場或新產業，並取得永久性領導地位為策略目標。杜拉克認為，在所有企業家策略中，「孤注一擲」是風險最大的策略，不允許有絲毫閃失，也沒有第二次機會。但這個策略一旦成功，它將為企業帶來高回報。

第二，「攻其軟肋」策略。

杜拉克將「創造性模仿」策略與「企業家柔道」策略都稱為「攻其軟肋」策略，即透過為創新先驅完善薄弱的環節或是提供缺失的元素來搶占市場。

與「創造性模仿」策略不同的是，「企業家柔道」策略瞄準的是尚未成功的產品。這個策略是風險最低、成功率最高的策略，行業的新進入

者對抗現有的實力強大的企業,可以攻其不備,逐步蠶食。

第三,「生態利基」策略。

「生態利基」策略的目的則是在一個較小的範圍內獲得實際的控制權或壟斷地位,並保持適當的規模,而不追求過度的成長。著重在占據並控制尚未被占領的位置,而不是討論如何去應對競爭。

第四,「改變價值和特徵」策略。

「改變價值和特徵」策略有一個共同點,就是創造客戶,這是企業的目的,也是所有經濟活動的最終目的。它透過四個不同的方式達到這個目的:創造客戶所需要的效用、定價、適應客戶的社會和經濟現狀、向客戶提供所需的真正價值。

企業家策略與有目的地創新和企業家管理同樣重要,將三者結合起來,就構成了創新與企業家精神。

二、稻盛和夫的內部市場化策略

稻盛和夫也重視應對市場變化。為應對時刻變化的市場,各阿米巴需要「活牛牛的經營數字」,以便採取相應的措施。

首先,制定基於市場價格的部門獨立核算制度,利用家庭記帳簿式的、通俗易懂的「單位時間核算表」,讓現場員工都能明白自身部門的實際績效。

其次,市場的變化會展現在每日阿米巴的績效中,所以可快速採取成本削減等措施。為此,阿米巴之間需要進行公司內交易,將市場價格的變動反映到阿米巴的收入中。

第九章　是誰創造利潤：參透利潤的本質

最後，進行公司內交易。在反映市場價格的基礎上，由部門間溝通決定公司內交易價格，以此掌握阿米巴的收入。從公司內交易的阿米巴收入中扣除阿米巴的經費，計算出阿米巴的盈利（附加價值）。

三、市場機制的三大規律

市場機制的三大規律，展現在價值規律、供求規律和競爭規律上。

（1）價值規律。

杜拉克有經典三問：我們的業務（事業）是什麼？我們的顧客是誰？顧客認為的價值是什麼？杜拉克認為，企業是什麼必須由顧客決定，只有顧客才能提供就業機會，也是顧客透過轉移貨幣價值為企業提供發展資本、資源，來創造滿足其需求的產品和服務。只有將公司資源聚焦到更高效地創造顧客價值、貢獻功能社會運轉的領域，才能形成市場壁壘，占據有利的市場地位，獲得持久穩定的事業。

稻盛和夫則提出要把外部充滿活力的市場機制引入到企業系統之中，也就是將外部的市場定價機制引入企業的內部結構中，建立一套企業內部的價格分解系統、價格機制、定價機制，我們稱為「企業內部定價系統」。什麼是「價格成本機制」？真正能夠成立的價格成本機制往往是一種外部市場認可的價格倒推法，從最終市場價格反向推導到產品的成本上來，看看企業在這種成本條件下到底能否把產品做出來。如果在現有條件下做不出來，那麼就應該看一看是否可以透過研發新技術、降低產品成本，把這種客戶需要的產品給做出來。這就是阿米巴經營的市場動力機制向企業內部的推導、傳導方法，需要產品在銷售 —— 生產 —— 研發的全過程上形成相互關聯的聯動機制。實際上，京瓷的大量

技術創新都是這麼被逼出來的,也就是一種能力將來時,把原本不可能生產出來的東西變成現實。其實這才是經營的本質——從無到有的價值創造。

(2)供需規律。

杜拉克發現僅僅從商品的供需關係分析商品社會的執行顯然是不夠的,所以他說,經濟學家「見物不見人」。

供需之間,有一種力量的博弈。一般消費者都會「用腳投票」。當需求者僅僅是因為價格因素決定是否購買,即交易法則(看不見的手)有著主導作用時,細分市場處於大量銷售方式階段。在供需關係上,供應者的力量較強,市場是供應者占主導地位。

當需求者不僅僅看產品價格,還看產品的款式等多種因素時,表示需求者選擇的資本變強,購買的選擇機會變多,需求者具有更強的談判意願和籌碼。這時候,供需關係逆轉,市場逐漸轉化為「消費者主導」。

稻盛和夫在講述什麼是正當的價格時說,在自由經濟的市場上由競爭決定的價格就是正當的價格。這裡競爭決定的價格首先是非壟斷的,是由供需關係來決定的。

(3)競爭規律。

競爭者利用對手的壞習慣,有針對性地開發產品、開拓市場,並有效地戰勝對手,獲得市場,杜拉克把這種針對市場領導者弱點的策略稱為「企業家柔道」。「企業家柔道」其實是一種市場競爭策略,不僅適用於新行業的建立、新市場的開發,在存量市場競爭中也可以經常看到「企業家柔道」策略。

實施「柔道策略」的企業,首先要占據一個穩固的陣地,這個陣地通

第九章　是誰創造利潤：參透利潤的本質

常是大公司沒有設防或不予以重視的環節。在這場競爭中，大公司往往每次還沒有反應過來，就已經被超越，很少有反擊的機會。典型的例子就是汽車產業史上日本汽車公司打敗美國汽車公司，他們主要靠的就是基於時間的競爭，也就是速度競爭。

1950年代初期，豐田汽車自投產以來，總銷量不到3,000輛，而此時美國的福特汽車一天的產量就是8,000輛。當時弱小的豐田汽車根本無法和福特汽車進行競爭，差距太大。但豐田汽車決策層透過考察福特汽車後發現了「門道」：無法和福特汽車在規模層面來競爭，應該和福特汽車在速度層面來競爭，做到成本低又品質好。首先從新車型開發週期切入，改變組織方式，形成基於消息流通的組織方法——「大部屋法」，採取新穎的團隊合作方式，而非福特汽車的基於工作的組織方式——工作流動，人員不流動。憑著這種團隊組織方式的變化，豐田新車型開發週期從60個月變成18個月，從而在汽車行業逐步站穩腳步。

稻盛和夫認為，在商業競爭中，有很多企業因為落後、因為弱小、因為適應不了複雜的競爭環境，做了環境的奴隸，被淘汰出局。他們之所以出現這樣的悲劇，是因為他們不明白競爭是必然的，每個企業、每個經營者都不應該埋怨，而只有改變才能與時俱進。

在京瓷外部環境不利的情況下，稻盛和夫並沒有去抱怨客觀環境，也沒有向客觀環境低頭，而是帶領京瓷認真地鑽研，從剛開始的二三流水準一直蓬勃發展到擁有全世界通用的、具有全球競爭力的技術，用產品品質和價格打敗美國同行，拿下美國西海岸半導體市場的訂單。

第五節　賺錢與利潤分配

杜拉克對「胡蘿蔔加棍棒」有很精闢的分析。「胡蘿蔔」是利誘，「棍棒」是威脅，兩者都是在利用人的弱點，即人性中的貪婪和恐懼，去操控工作者，這與管理的本質背道而馳。

杜拉克的管理學最根本的地方，不是教你如何生存和發財，不是教你怎麼成為一個著名的、引人注目的、有社會地位的成功者和企業家，而是教你怎麼透過工作使人生有意義。這個有意義的根本，一定在於為他人創造了價值，為他人創造了福利。

關於企業賺錢與分錢，稻盛和夫認為，經營者不能只顧個人的私利，不能只顧滿足自己的慾望，而必須考慮員工、客戶、交易對象、企業所在社區等的利益，必須與跟企業相關的一切利害關係者和諧相處，必須以關愛之心、利他之心經營企業。

在這種美好的、善良的理念之上，加上拚命努力，經營者不僅能實現「要把企業做大」、「要更好地拓展事業」這樣的願望，而且能讓企業持續繁榮，歷久不衰。

本節試圖探討大師利潤觀中的人文主義追求、辯證主義思想以及系統思考的精神，解讀兩位大師的利潤觀。

一、關於賺錢

（1）杜拉克：利潤是有效的管理工作。

彼得·杜拉克在《管理實踐》利潤篇中談道：利潤是抵抗風險的支柱。

第九章　是誰創造利潤：參透利潤的本質

利潤和企業的關係就好比食物和人的關係，利潤是維持企業生存的糧食。雖然利潤不是經營的目的而是結果，但利潤是需要規劃的。這種規劃的著眼點不是什麼最大化的利潤，而是維持企業生存和發展至少需要準備多少利潤才安全，才足以支付成本。在正確理解利潤的前提下，就可以用它作為有效的管理工具，來評估一個企業全部努力的正確性和淨效率。

第一，尋找市場定位。

透過有計畫地放棄舊業務和持續創新，不斷檢討企業的市場定位，謀求自身的「生態適當位置」，才能源源不斷地創造出經濟增加值。

第二，人人成為企業家。

營造一種機制和氛圍，鼓勵和幫助每一位同事，包括前線員工，在不同程度上成為創業和創新的工作者，並讓他們分享創業和創新的果實。

第三，合理定價。

為產品和服務制定合理的價格政策，既不受「利潤最大化」的迷惑，高價追求超額利潤，也不受市場壟斷地位的引誘，為了擴大市場占有率而低價競爭。

第四，不謀求壟斷。

杜拉克曾經專門探討什麼是一個企業最佳的市場占有率，太小了容易淪為邊緣企業，在經濟不景氣時被淘汰出局；太大了則容易使人昏昏欲睡，不求上進。有遠見的企業家，應該有自覺地不允許自己的企業成為行業壟斷者，不謀求壟斷。

第五節　賺錢與利潤分配

第五，管理利潤。

企業家每年要估算企業繼續經營所需的成本和費用，據此建立「備用資金蓄水池」，並且根據「蓄水池」所需的資金量規劃利潤。

(2)稻盛和夫：收入最大化、支出最小化是企業成功的基本概念。

關於利潤，稻盛和夫則認為，不要追逐利潤，要讓利潤跟著你跑。收入最大化，支出最小化，是企業成功的基本概念。利潤無法透過追逐得來，只有持續增加收入、減少支出，利潤才會隨著你的努力而來。換句話說，利潤就是你不斷努力的成果。以上聽起來容易，實則不然。企業會反映經營者的個性，並會按照經理人的意志發展。極大的意志力和創造力是使收入最大化、支出最小化的重要原因。亦即強大而明確的「企圖心」是必要的。

因此，京瓷首要的奮鬥目標就是為員工創造更多的機會。基於這點，我們不但可以促進科技的進步，更有助於社會與人類的發展。這些就是企業應該追求的目標。

其次，追求合理的利潤。為了企業的生存和員工的發展，利潤是僱主不得不追求的，這沒有什麼可恥的。自由市場的原則就是競爭，企業所獲得的利潤是正當營業所應得的報酬。有了利潤，可以促使公司的生產流程更加順暢：生產出高價值的產品，並盡量設法降低價格，減輕顧客的負擔。經理人和員工也都是透過努力工作才獲得利益的。我們應以此為榮。

企業的本質在於：一方面要使利潤最大化，另一方面要滿足顧客所有的需求！在自由市場裡，利潤應該是社會給有功者的嘉許。

第九章　是誰創造利潤：參透利潤的本質

二、關於利益分配

（1）杜拉克：激發人性中善良的一面。

在利益分配方面，杜拉克基於人性的複雜，提出管理就要想辦法激發其中的光明和善意的一面，讓人的潛能得到充分發揮，這才是管理要研究的大問題。人能夠把組織搞好，能夠把績效提上來，也一定能以向上的、積極的心態去追求使命與理想。杜拉克的高明之處在於，他並不站在人性善惡的角度去考慮問題，而是從人性的基本點出發，來評估管理者的能力。

杜拉克對激勵和溝通都有非常獨到的見解。在杜拉克看來，激勵就是讓工作富有成效，讓員工有成就感，這是管理的三大任務之一。一般而言，激勵無非就是在獎金、抽成、福利、待遇上做文章，但是，這種激勵是利用了人的內因還是外部動機呢？對人的績效而言，究竟是內因在發揮作用，還是外因的結果呢？

一輛車要跑得快，只有車頭有動力是不夠的。杜拉克從人希望有成就感，希望受到尊重出發，提出了成就感才是激勵的原動力，而不僅僅是所謂外部的動機。

（2）稻盛和夫：全體員工共同經營。

在利益分配方面，稻盛和夫則用阿米巴經營模式使全體員工共同參與經營成為可能。如果全體員工能夠積極參與經營，在各自的職位上主動發揮自己的價值，履行自己的職責，那麼他們就不僅僅是勞動者，而將成為並肩奮鬥的夥伴，並會具有經營者的意識。

阿米巴關注整體效益，追求附加價值的最大化。在阿米巴經營中，阿米巴設定的經營目標不是成本，而是生產量和附加值。核心理念是以

第五節　賺錢與利潤分配

最小的成本、費用，實現最大業績的阿米巴經營團隊，關注點在於阿米巴團隊創造的附加值。當然，每個阿米巴的經營業績會有差別，但公司並不因此在薪資、獎金上有差別待遇。對業績好的阿米巴組織只是做些表揚、頒贈紀念品等，對阿米巴團隊更為注重精神獎勵。對經營業績不佳的阿米巴組織，公司會嚴格追究責任。阿米巴經營既提升了員工的成本意識和經營頭腦，又提升了員工的職業道德和個人素養，並且對經營業績進行全面的掌握。

　　阿米巴經營模式強調員工的幸福感，把員工的發展放在首位，這也是阿米巴經營模式的魅力所在。在日本京瓷，稻盛和夫把追求員工及其家庭的幸福作為公司第一目標。第二目標是合作商的員工及其家庭的幸福，第三目標是客戶，第四目標是社區，第五目標才是股東。這個目標序列相當程度上代表稻盛和夫經營哲學的內涵。這也是實行阿米巴經營最重要的一關。

第九章　是誰創造利潤：參透利潤的本質

第六節　管理者的責任 —— 利他，還是利己

一、杜拉克：管理應為國家和社會做貢獻

對於如何做管理者這個問題，杜拉克認為管理者需要具備的基本條件是品格正直，而不是擁有天賦。考察一個組織是否優秀，就是要看它能否幫助其成員盡可能地發揮特長，並利用每一個人的長處幫助他人，取得成效。因此，對企業而言，管理者的責任就是對組織有效，使員工有所發展。

杜拉克認為，知識工作者要自我控制，關注自己對他人的貢獻；管理者不僅要讓企業獲利，還應該讓社會和國家受益。

杜拉克還把價值觀引入管理中，為管理注入了新的內涵。他對管理的定義非常簡單，管理是界定企業使命，激勵並組織人力資源去實現這個使命的過程。他還認為，界定使命是企業家的任務，而激勵和組織人力資源屬於領導力範疇。透過這兩者的結合，透過杜拉克的管理理念，透過他對管理的簡單定義，我們能夠了解到，他對人的看法，對人性的認知，對管理者、對領導者的認知。

二、稻盛和夫的「利他」哲學

稻盛和夫經營哲學的核心理念是「敬天、愛人、利他」這六個字。與杜拉克思想不謀而合的是，他們都有利他原則，並與人的利己之心結合起來。

第六節　管理者的責任—利他，還是利己

　　稻盛和夫說，利他是商業的原點。「利他」為稻盛和夫人生哲學的中心理念。稻盛和夫認為，在做出正確的判斷時，要以利他之心為基準。在我們每個人的內心世界裡，既有利己之心，也有利他之心。僅憑利己之心來判斷事物，因為只關心自己個人的利害得失，所以，無法得到別人的幫助。因為以自我為中心，所以視野狹隘，就會做出錯誤的判斷。用利他之心做出判斷，因為是站在「為了他人幸福」的立場，所以，能夠獲得周圍人的幫助，也能拓寬視野，因而就能做出正確的判斷。

　　要想把工作做得更好，就不能只考慮自己，在做判斷時應該顧及周圍的人，滿懷為他人著想的「利他之心」。

　　從杜拉克和稻盛和夫對管理的論述中不難看出，兩位經營管理大師對管理的本質和目標的看法是不謀而合的。一個企業只有心懷利他之心，才能創造顧客，才能與顧客分享價值。市場永遠充滿變動與多樣性，既充滿了機會，也充滿了風險，如果只會抓機會，永遠只能做一個商人，機會總是給那些專注、真誠，有強烈利他之心的人準備的。

案例：超額利潤分享助推三星轉型

　　三星集團是韓國最大的企業集團，集團旗下 3 家企業進入世界 500 大行列。三星有近 20 種產品的世界市場占有率居全球企業之首，在國際市場上彰顯出雄厚實力。三星在數位時代飛速發展，得益於引入美國式的績效薪酬制度，以及三星前任會長李健熙推行的「自律經營」體制。

　　1988 年，李健熙接班成為三星掌門人，提出二次創業，其中一項重要的舉措就是在三星推行「自律經營」。所謂自律經營，就是將企業經營權和責任全部分配給具有專業資質的各分公司或子公司社長，由他們全權負責，讓他們就像企業的主人一樣、自主思考、自主決策、自主做事；

第九章　是誰創造利潤：參透利潤的本質

企業賺到錢之後，拿出一部分獎勵他們。也就是說，三星集團對各子公司經營層實行的是「明確經營的完全責任、賦予履職的足夠許可權、按照績效獎勵團隊」的管理模式。

李健熙認為，「獎勵薪資」是人類最偉大的發明，也是資本主義的一大優勢。李健熙上任後，大膽打破三星傳統，推行「賞罰分明」的獎勵薪資制度，為管理層發放年薪。三星集團各子公司 CEO 的年薪中，基本薪資只占 25%，其餘的 75% 由績效決定。員工的基本薪資比重占 60%，另外 40% 由能力而定。能力評價決定員工實際年薪：被評為一級能獲得 130% 的酬金；若被評為五級，甚至連基本薪資都領不到。同一職級的員工，實際年收入最高與最低可以相差 5 倍。這在李秉哲時代以及當時韓國其他公司是不可想像的，引起了極大的震撼。

三星幹部和員工與公司績效連結的收入有兩種：一種是半年一次評定發放的「PI」（生產率獎金），另一種是一年一度評定的「PS」（利潤分享）。

PI 的數額由半年度業務目標達成情況來決定。每個部門、BU 和公司按照「EVA、現金流和每股收益」等指標的半年達成情況被分為 A、B、C 三級。假如一個員工所在的部門、BU 和公司都被評為 A，這個員工就能拿到基本薪資 300% 的獎金；如果不幸全是 C，就一分錢也拿不到。比如，在市場行情好的時候，儲存半導體、行動電話和 TV 部門的 PI 就拿得「口袋滿滿」，而非儲存半導體和家電部門的人就慘了，全部是 C，只能拿到慘淡的基本薪資。

PS 其實是「超額利潤分享」。每年三星總部都會給下面分子公司下達一個利潤目標，經營年度結束後，如果實際利潤超過目標利潤，就拿出超出部分的 20% 作為獎金分配。2006 年，三星電子超額利潤達到 2.52 億美元，當年用於員工分配的獎金就高達 5,040 萬美元。

第六節　管理者的責任—利他，還是利己

在李秉哲時代，三星實行高度集權的管理模式，即源自日本明治時代的「上級指示，下面做事」的集權體制。權力都在總部，下面的分子公司負責人只負責執行總部命令，缺乏主角精神，缺少經營主動性。這種體制在短缺經濟時代，也就是產量和規模決定勝敗的時代固然沒有問題，效率也很高。但是在品質、創新和速度決定成敗的時代，這種高度集權、僵化、分子公司沒有經營主動性的管理體制不再適應新的環境。李健熙在三星推行「自律經營」，目的是要「將集團經營重心下沉」，讓分子公司總經理承擔起完全的經營責任來。這種「分權」的管理模式，改變了他父親李秉哲時代高度中央集權的管理模式。績效薪酬作為「自律經營體制」的一部分，有力地促進了「經營重心下沉」管理模式的發展。

李健熙推行的「自律經營」體制，就是「責權放下去，收入拉開來」。這種管理模式來自美國的「績效主義」，確實起到了扭轉三星既有的僵化體制、啟用分子公司經營團隊、培養他們的主角意識和經營自主性、助推三星新經營轉型的作用。

第九章　是誰創造利潤：參透利潤的本質

本章小結

◎杜拉克與稻盛和夫的相同點：

1. 服務客戶的理念相同。杜拉克認為，只有創造顧客才能成就企業！稻盛和夫認為，經商的根本在於「取悅顧客」。

2. 對利潤的看法相同。杜拉克認為，利潤是需要規劃的。這種規劃的著眼點不是什麼最大化的利潤，而是維持企業生存和發展的最低限度。稻盛和夫認為，作為企業，沒有利潤就無法生存。全體員工用光明正大的方法、付出不懈的努力而獲得的利潤是值得尊重的、無可非議的。

◎杜拉克與稻盛和夫的不同點：

兩人在員工激勵上的原動力不同。

杜拉克從人希望有成就感，希望受到尊重出發，提出了成就感才是激勵的原動力，而不僅僅是所謂外部的動機。

稻盛和夫強調員工的幸福感，把員工的發展放在首位，這也是阿米巴經營模式的魅力所在。

第十章
形成真正的創新力：創新的管理與價值

企業家要時時保持創新的能力。重大的科技發展並非起步於複雜的技術或是震撼性的發明。要時時努力改進現有的科技，假以時日，必有重大收穫。

—— 稻盛和夫

第十章　形成真正的創新力：創新的管理與價值

第一節　激發管理創新

杜拉克談到創新的意義：創新不是科學或技術，而是價值；創新不是發生在組織內部的某件事情，而是發生在組織外部的某種變革。

企業管理創新則是指企業形成一種創造性思想，並將其轉換為有用的產品、服務或作業方法的過程，即企業把新的管理要素（如新的管理方法或手段、新的管理模式等）等引入企業管理系統以更有效地實現組織目標。激發管理創新，就是將組織變革成更富有創造性的組織。

一、企業為何要激發管理創新

企業在長期的穩定經營中，逐步形成了慣性和惰性，既定的、滿足的利益格局使企業成員逐步喪失了變革的動機和勇氣，導致企業在產品和服務領域與競爭對手的差距逐步縮小，組織逐步喪失活力，潛在的隱性危機初步顯現。企業需要以提升關鍵技術含量，追求更大市場為目的。因此，企業強調要突破舊觀念、舊模式、舊技術，組織呼喚創新意識和創新機制，激勵創新與變革。

第一，企業追求利潤最大化，必須進行管理創新。企業沒有利潤，怎麼體現自己的存在意義，又怎麼追求自己的價值？這就迫使企業進行管理創新。

第二，企業進行管理創新，才能實現生存和發展的目標。企業實現發展目標，必須靠科學化的管理。透過加強基礎管理和專業管理，保證產品品質的提升、產量的增加、成本的下降和利潤的上升，這些都依賴於企業管理創新。

第三，企業活力的泉源，在於員工的創新能力。在企業中，員工是最積極、最活躍的生產力要素，企業的一切營運活動必須靠員工來實現。這是企業活力的泉源所在，也是管理成功的關鍵。

二、激發管理創新的條件

企業激發管理創新，就要創造以下基本條件：

第一，創新主體（企業家、管理者和企業員工）應具有遠見卓識，並且具有較好的文化素養和價值觀，這是實現管理創新的關鍵。企業管理者和員工具備一定的關鍵能力，才能有效地完成管理創新，核心能力突出地表現為創新能力，能夠將創新轉化為實作方案的能力、從事日常管理工作的各項能力等。

第二，企業應營造一個良好的管理創新氛圍。企業管理者和員工能否激發創新意識，充分發揮其創新能力，與企業能否營造一個良好的創新氛圍有關。

第三，激發管理創新要結合企業的特點。企業激發管理創新，目的是更有效地整合企業的資源以完成企業的目標和任務。因此，管理創新就不可能脫離企業的特點。

第四，確定創新目標。企業創新活動和創新目標具有很多不確定性，風險較高。因此，企業在激發管理創新時，需要確立管理創新目標，避免盲目推進，浪費企業的資源。

第十章　形成真正的創新力：創新的管理與價值

三、企業如何激發管理創新

企業激發管理創新，主要從組織結構、文化和人力資源實踐三個方面實施。

第一，從組織結構因素看，建立扁平化組織結構對創新有正面影響。擁有富足的資源能為創新提供重要保證；扁平化組織結構使各事業部之間保持密切的溝通，有利於克服創新的潛在障礙。

組織創新過程是一個系統，不僅會受到組織內部個體創新特徵、群體創新特徵和組織特徵的影響，還會受到整個社會經濟環境的制約。組織創新行為又會直接影響組織績效，包括市場績效、競爭能力、盈利情況及員工態度等。組織創新往往從技術與產品開發入手，逐步向生產、銷售系統、人力資源、組織結構發展，進而進入策略與文化，表現為一種漸進創新的過程。

第二，充滿創新精神的組織文化。作為創新主體的企業來說，其文化創新的內容十分豐富，是一種全方位的創新，既包含技術創新、產品創新、市場創新、行銷創新、管理創新，還包含觀念創新、制度創新、機制創新等。這些創新互相作用、互相影響、互相推動，構成了企業創新的有機主體。在內容豐富的企業創新中，企業文化的創新具有一定的統領性。這除了因為企業文化滲透到企業經營管理的各個方面之外，還因為企業文化在企業競爭中處於重要的位置。

因此，企業要不斷賦予企業文化新的內涵和生命力，不斷探索企業文化，鼓勵企業文化創新，在推動企業發展中發揮企業文化更大的作用。

第三，人力資源管理的作用。有創造力的企業，通常都積極地對員工開展培訓，以使其的知識庫保持最新狀態；同時，它們為員工提供工作保障，鼓勵員工成為革新能手，持續進行技術創新和產品創新。

第十章　形成真正的創新力：創新的管理與價值

第二節　創新型組織的建構

所謂創新型組織，是指組織的創新能力和創新意識較強，能夠源源不斷地進行技術創新、組織創新、管理創新等一系列創新活動。彼得‧杜拉克在談到創新型組織時說：「創新型組織就是把創新精神制度化而創造出一種創新的習慣。」

創新型組織或企業能夠提供改變世界、讓世界更美好的產品和服務體系，具有更大的市場價值和國際競爭力，相比保守僵化的組織，更具生命力。

一、創新型組織的特點

在創新型組織中，創新不是某一部分成員的活動，而是整個組織各個層次成員的共同運動。從最高管理者到最底層員工，他們都在有意識地圍繞組織目標創新，或組織的結構成就了他們的創新。

在結構、業務、特色、組織和管理哲學等方面，不同的創新組織各有特色，但它們又有一些共同的特點。

第一，了解創新的意義是什麼。

杜拉克認為，創新型組織知道創新的意義：創新不是科學或技術，而是價值；創新不是發生在組織內部的某件事情，而是發生在組織外部的某種變革。

創新的評估標準，是它對環境所產生的影響，企業的創新必須以市場為中心。以消費者或顧客的需求作為一項重大變革的出發點，常常是

界定新科學、新知識和新技術的最直接方式。

第二，了解創新的運作機制。

創新是賦予資源創造財富的新能力，使資源成為真正的資源。相對於掌握新知識、新技術而言，創新型組織更強調整合組織內資源，使創新成為組織的一種功能。

第三，制定創新策略。

創新是發展與取得構成企業核心能力的技術與技能的基本手段，是改變企業「基因密碼」、實現基因多元化的必經之路。競爭優勢主要來源於企業的創新能力。

第四，創新需要完全不同的目標、目的和評估標準，這些目標、目的和評估標準與創新動態相互配合。

第五，組織創新。

企業系統的正常運行，既要求具有符合企業自身及環境特點的運行制度，又要求具有與之相適應的運行載體，即合理的組織形式。因此，企業制度創新必然要求組織形式的變革和發展。同一企業在不同時期，隨著經營活動的變化，也要求組織結構不斷調整和創新。組織創新的目的在於更合理地透過組織管理人員的努力來提升生產效率。

二、如何建立創新型組織

稻盛和夫在「經營十二條」中，清楚點出了一條重要的內容：不斷從事創造性的工作。明天勝過今天，後天勝過明天，刻苦鑽研，不斷改進，精益求精。

他認為，如果只憑藉自己的現有能力判斷今後能做什麼，不能做什

第十章　形成真正的創新力：創新的管理與價值

麼，就根本無法開拓新事業。只有透過「現在沒法實現的目標，無論如何也要想方設法去實現」這種強烈的使命感，才有可能產生創造性的事業和創造性的企業。在這種強烈的意識支配下，每天不斷鑽研、不斷創新，只有在這樣的道路中前進，才會出現創造性的事業、獨創性的企業。

創新型組織有許多要素，要建立創新型組織，需要注意以下五點：

第一，企業家精神。

企業家精神對創新型組織的建立具有決定性作用。彼得・杜拉克提出企業家精神中最主要的是創新，進而把企業家的領導能力與管理畫上等號，認為「企業管理的核心內容，是企業家在經濟上的冒險行為，企業就是企業家工作的組織」。

第二，共同的創新願景。

願景為組織的創新指明方向，給員工帶來創新的動力，為企業帶來凝聚力。共同的願景有利於全員參與創新，加強團隊的合作。

第三，建立創新型組織結構。

合適的組織結構使創造力、學習和互動成為可能，使全員參與創新，參與整個組織的持續改進活動。創新組織經常需要跨部門進行，有效的團隊合作非常重要。

第四，樹立創新引領者。

人才資源是組織創新的基本保證。創新充滿複雜性和不確定性，經常會遭遇失敗，需要投入、支持和鼓勵。創新型組織應積極地開展培訓工作，加快知識更新。

第五，營造創新氛圍。

創新型組織通常具有獨特的組織文化。企業文化透過員工價值觀與企業價值觀的高度一致性，透過企業獨特的管理制度體系和行為規範的建立，使管理效率有了較大提升。創新不僅是現代企業文化的重要支柱，還是社會文化的重要組成部分。創新價值觀能得到企業全體員工的認同，行為規範就會得以建立和完善，企業的創新動力機制就會高效運轉。

三、稻盛和夫的阿米巴創新型組織

稻盛和夫建立了阿米巴經營，把公司組織劃分為被稱作「阿米巴」的小組，阿米巴小組就是創新型組織。例如，京瓷就是由一個個被稱為「阿米巴小組」的單位構成。與一般的公司一樣，京瓷也有事業本部、事業部等部、課、系、班的階層制。稻盛和夫還組織了一套以「阿米巴小組」為單位的獨立核算系統。

「阿米巴」指的是工廠、工廠中形成的最小基層組織，也就是最小的工作單位，一個部門、一條生產線、一個班組甚至到每個員工。每人都從屬於自己的阿米巴小組，每個阿米巴都是一個獨立的利潤中心，就像一個中小企業那樣活動，經營規劃、績效管理、勞務管理等所有經營上的事情都由他們自主運作。每個阿米巴都集生產、會計、經營於一體，再加上各個阿米巴小組之間能夠隨意分拆與組合，這樣就能讓公司對市場的變化做出敏捷的反應。

阿米巴小組這種創新型組織具有以下三個重要作用：

第一，確立與市場掛鉤的部門核算制度。

第十章　形成真正的創新力：創新的管理與價值

公司經營的原理原則是實現銷售額最大化和經費最小化，為在全公司實踐這項原則，需要把組織劃分成小的單位，採取能夠即刻應對市場變化的部門核算制度。部門核算制度目的：組織變小，經營課題更加明確；可以了解公司各個角落的情況；員工的核算意識增強。

第二，培養具有經營者意識的人才。

根據需求把組織劃分成若干個小單位，把公司重組成類似一個中小企業的聯合體，把各單位的經營權下放給阿米巴領導者，從而培養具備經營者意識的人才。其目的是形成自我挑戰的企業文化；培養達成目標的企業氛圍；具備即時且正確的經驗判斷。

第三，實現全員參與的經營。

全體員工為了公司的發展而齊心協力地參與經營，在工作中感受人生的意義以及成功的喜悅。其目的是集中現場的智慧；讓員工透過達成目標感受人生價值與成功的喜悅。

第三節　創新是企業家特有的工具

　　彼得・杜拉克在《創新與創業精神》一書中說：創新是有目的性的，是一門學科。創新是企業家特有的工具，企業家藉助創新，把改變視為一個開創不同事業的機會。創新可以成為一門學科，供人學習和實踐。企業家必須有目的地尋找創新的來源，尋找預示成功創新機會的變化和徵兆。他們還應該了解成功創新的原理，並加以應用。

　　杜拉克提出創新和企業家精神是為了探討人們的行動和行為。杜拉克堅信創新與企業家精神的重要性，以此為前提，他更注重創新與企業家精神的實踐。

一、企業家精神是創新實踐的精神

　　對於如何成功地培育出企業家精神，杜拉克從現有企業、公共服務機構以及新企業三個方面來討論企業家管理。這三類企業也正好涵蓋了目前我們能夠理解的所有組織機構的特性，現存企業會主要會從商業角度出發，注重那些與企業息息相關的社會問題。對社會問題的長期關注，可能會重新定義「公司」的根本目的。

　　企業家策略是創新市場的策略。如何成功地將一項創新引入市場是企業家策略的核心。杜拉克告誡我們：創新是否成功不在於它是否新穎、巧妙或具有科學畫內涵，而在於它是否能夠贏得市場。他清楚指出了創新在各個領域的作用，只有發揮創新的功效，才有社會的發展。

　　企業家要時時保持創新的能力。重大的科技發展並非起步於複雜的

第十章　形成真正的創新力：創新的管理與價值

技術或是震撼性的發明。要時時努力改進現有的科技，假以時日，必有重大收穫。

企業家要把創新當成終身的習慣。領導者能時時有創意，並激發員工去想一些新點子，使每個人都參與產品改良的計畫。

二、創新是管理者的一項重要職責

杜拉克認為，無論是政治、經濟還是科技、文化，無論是歷史悠久的大企業還是新創辦的小企業，無論是企業界還是非營利機構和政府，處處都有創新的機會，人人都可以成為企業家。他認為，創新是組織的一項基本功能，是管理者的一項重要職責，它是有規律可循的實務工作。

創新需要訓練，需要遵守創新的原則和條件，企業家需要主動從中尋找創新的機會。

寶僑公司儘管歷史悠久，卻一直推陳出新，引領著行業發展的方向。究其原因，寶僑並不依賴個人企業家，而是在組織內部建立起一套創新管理機制，即創業型管理。

寶僑透過「連發」（連結與開發）這一全新的創新模式，與世界各地的組織合作，向全球搜尋技術創新來源，實現35%的創新想法來自與公司外部的連線。它們採取開放式創新模式成功地實現創新，取得持續的競爭優勢，使這家老牌公司持續保持創新活力。

企業領導者具有創新的職責，應盡力在公司內部建立創新管理機制，使組織自動自發地持續創新，成為永續經營的企業。

第四節　企業創新的來源

企業建構創新機制，必須依託於企業所營造的文化環境、競爭環境等。特別是組織創新，將為機制創新提供良好的組織結構，提供激勵動因等制度架構，使機制和技術保持主動創新和持續創新的態勢。

一、創新的七個來源

現在企業都很重視創新，但是從哪裡展開創新呢？杜拉克在《創新與創業精神》這本書裡總結歸納了創新的七個來源。

第一，意外事件。杜拉克說這是最容易利用、成本最低的創新機會。要認真分析意外事件背後的原因，說不定就會發現創新機會。

第二，不協調的事件。意思是說，這事明明從邏輯上、道理上應該行，但實際結果就是不行。這時候，就可能產生創新。

第三，程序需求。也就是尋找現有流程中的薄弱環節，發現創新。

第四，行業和市場變化，往往會帶來創新的機會。

第五，創新機會來自人口結構的變化。例如，人口數量、年齡結構、性別組合、就業情況、受教育狀況、收入情況等方面的變化，都會帶來新的機會。

第六，認知上的變化。意料之外的成功和失敗能產生創新，就是因為它能引起認知上的變化。比如，電腦，最早人們認為只有大企業才有用，後來意識到家庭也能用，這才有了家用電腦的創新。

第十章　形成真正的創新力：創新的管理與價值

第七，新知識。杜拉克發現，在所有創新來源中，這個創新的利用時間最長，因為新知識創新往往需要多個因素。比如，新知識要求在技術和社會各領域都與其協調一致；以新知識為基礎的革新需要好的企業管理；以新知識為基礎的革新取決於得到高明的主意等。

杜拉克提醒說，上面這七個創新來源之間，有時候界線很模糊。企業要進行系統化的創新，大概需要每隔半年就審視自己內部和外部的情況，這時候就可以從這七個方面著眼檢驗，尋找創新的機會。

二、創新的做法

稻盛和夫認為：「創新，不僅是知識的累積，更是靈感的昇華。」通往真正的創造力之路，並非由已知的科學知識所累積，而是靈感的昇華。這種靈感形成了哲學，在經過證明並為大家所接受之後，終於「變成」了科學。我們若有勇氣否定「常識」和傳統的科學知識，真正的創造力就可形成。

身為公司的領導者，稻盛和夫宣傳創新概念的做法，主要有以下四點：

首先，稻盛和夫要求每一個員工，今天要比昨天更好，明天要勝過今天。這就是日文中的「改善」。

其次，身為企業領導者，必須以身作則，展現出創造力，並鼓勵其他人跟隨。

再次，領導者要反思是否能堅持每天都做到上述的努力。

最後，在如何讓公司成長方面，避免投機取巧，而是透過不斷追求創新的努力促使公司自然發展。

第四節　企業創新的來源

　　稻盛和夫建立京瓷之後，採用獨特的理念，即把陶瓷技術運用在半導體、陶瓷刀等所有能想到的東西上。其中一項，就是把陶瓷包裝用於積體電路板。當時，利用高科技的陶瓷技術，把線路包在薄薄的陶瓷片裡，加以碾壓並燒合在一起，可說是創新的想法。很多人認為，這是「天方夜譚」的事。但是，稻盛和夫支持這個創新思路，京瓷的半導體零組件研發成功，並且暢銷全球。

　　今天，京瓷的產品已經包括陶瓷刀具、陶瓷文具、珠寶首飾、手機、精密陶瓷零組件、太陽能發電系統等。

第十章　形成真正的創新力：創新的管理與價值

第五節　形成真正的創新力

杜拉克說，在創新已經成為一項成功的事業後，真正的工作才剛剛開始。

一、企業形成創新力的對策

創新是企業家精神的獨特象徵。創新是展現企業家精神的一種手段，創新活動賦予資源一種嶄新的能力，使它能夠高效地創造財富。凡是能使現有資源的財富生產潛力發生改變的事物都足以構成創新，形成真正的創新力。

提升並形成創新力的對策，主要有以下六點：

第一，創新植入企業的策略架構。

企業打造創新力，需要將創新植入企業的策略架構，強化策略管理與創新管理的融合。企業管理者充分發揮獨特的想像力與冒險精神，利用網路時代的新機遇，積極開展企業策略研究，不斷開發長遠的、超越顧客需求的產品和服務。提升企業創新能力的基礎，是企業家的超前思考和企業的策略決策能力。

第二，採取開放式創新模式。

企業為保障創新順利進行，需要設計有利於創新的組織體系。透過建立扁平化組織架構，使組織內部的連結與交流暢通無阻，並開放組織的邊界，整合資源並迅速創新。公司內部形成一個相互連結、交流和相互作用的創新氛圍，對公司創新力的形成是至關重要的。

第五節　形成真正的創新力

第三，持續地進行管理創新。

創新代表著高風險，因此，創新需要有效的管理，使創新失敗的機率最小化。企業堅持把創新變成可預測的、可持續的商業行為，在全力為創新創造條件的同時，也大力督導創新向正確的方向發展，使創新的每一個階段都有良好的控制與監督。奇異公司就是一個例子。它不僅成名於其「群策群力」原則和無邊界組織，還擁有更多創新，如策略規劃、管理人員發展規劃、研發的商業化等。

第四，企業領導者形成創新意識。

企業領導者要樹立知識價值觀念，不斷提升學習能力。重視企業的知識價值，並透過有效的激勵促進企業所擁有的知識價值的增值。

第五，建構企業創新的激勵機制。

企業實行新產品（服務）開發的專案負責制，可以採取以技術入股、收入分成等方式調動員工參與創新的積極性。

第六，建構「鼓勵冒險，寬容失敗」的創新文化。

企業管理方式更為多元化、人性化、柔性化，可以激勵員工的創新精神。在鼓勵冒險方面，在企業內部營造崇尚創新的氛圍，塑造創新的文化，讓每一位員工都成為創新的泉源；在寬容失敗方面，對創新中遇到的挫折和失敗，應採取大度和寬容的態度，以幫助企業和員工形成真正的創新力。

二、企業形成創新力的核心理念

關於創新力，稻盛和夫在《生存之道》一書中說：「當人類回顧緬懷那些不斷開拓出嶄新領域的偉大先人的功績時就會發現，他們正是以

第十章　形成真正的創新力：創新的管理與價值

『知識寶庫』所賦予的睿智作為自身創造力的泉源，創造出了無比絕倫的技術，從而推動了人類文明的發展。」

在稻盛和夫的經營經驗中，要適應這一時代的要求，其中有一條就是，在現代企業競爭中，知識和資訊固然重要，但真正能決定勝負的是創新力。一個企業要適應變化的時代，就必須不斷進行管理變革，變傳統管理為創新型管理，高度重視人的潛能和創造力的開發，最大限度地發揮人的創造性和主動精神，大力進行新技術開發與研究，提升資金運籌能力與資金效率，不斷提供高品質的新產品，建立和完善現代行銷體系，以及進行與此相關的制度與組織的創新等。

形成真正的創新力，企業就要產生獨具一格的核心理念。企業核心理念既是企業的經營哲學，又是企業價值觀的體現，它是企業全體員工所共有的、對企業的長久生存與發展具有重要作用的價值觀和方法論，是企業在漫長的經營歲月裡沉澱下來的經營智慧和價值取向。它深深融入企業各層級的潛意識中，並沉澱為組織的共同價值觀、企業精神、企業使命、企業宗旨等思想文化。企業總體策略目標和發展方向的設定受核心理念支配；企業核心理念是企業策略的前提和保證，並貫穿於策略實施的整個過程；企業核心理念投射到員工身上，成為員工的價值標準，這種價值標準則以潛意識的形式影響著每一個員工的行為，並從內部影響著生產經營過程的每一個環節。它可謂「無所不在，無孔不入」。

核心理念是企業創新力最根本的力量泉源。在企業中，優秀的核心理念能激發全體員工的責任感、榮譽感、工作熱情和創新精神，由內至外地約束、引導和激勵著全體員工的行為乃至整個組織的行為。優秀的核心理念就像一個能量場，其能量滲透到企業的目標、策略、日常管理及一切組織活動中，反映到每個部門、每個職位、每個產品上，甚至擴

散影響到企業的外部,包括顧客和競爭對手身上,在社會文化浪潮中樹立起一面鮮豔的旗幟,不斷發揮更深遠的影響力。

案例:賈伯斯:創新決定了你是領袖還是跟隨者

史蒂夫·賈伯斯(Steve Jobs)是美國蘋果公司聯合創始人。他被認為是電腦業界與娛樂業界的代表性人物,他經歷了蘋果公司幾十年的起落與興衰,先後領導和推出了 iMac、iPod、iPhone、iPad 等風靡全球的電子產品,深刻地改變了現代通訊、娛樂和生活方式。

賈伯斯認為創新是無極限的,有限的是想像力。他認為,在一個成長性行業,創新就是要讓產品帶來更高效率,更容易使用,更便於工作;在一個萎縮的行業,創新就是要快速地從原有模式中退出,在產品及服務變得過時、不好用之前迅速改變自己。

賈伯斯有句經典名言:領袖和跟隨者的區別就在於是否創新。從蘋果公司的發展歷程來看,其每一次的跳躍性發展都是由賈伯斯引領,由創新驅動。

1. 產品和技術創新,一舉擊敗競爭對手

蘋果公司在高科技企業中以創新聞名。蘋果公司在創立之初,主要開發和銷售個人電腦。在其後的發展過程中,賈伯斯進行大刀闊斧的改革,停止了不合理的研發和生產,結束了微軟和蘋果多年的專利紛爭,並開始研發新產品 iMac 和 OS X 作業系統,不斷推出的創新產品讓蘋果公司得以重生。從 iPod、iMac、iPhone 到 iPad,蘋果公司不斷地推陳出新,引領潮流。蘋果也從最初單一業務的電腦公司,逐步轉型成為高階電子消費品和服務企業。

第十章　形成真正的創新力：創新的管理與價值

在這些產品中，最重要的是 iPhone 的推出。智慧型手機是行動電話市場的發展趨勢，蘋果公司抓住了這一千載難逢的機會，或者說蘋果公司推動了這一趨勢。2007 年，蘋果公司首次公布進入 iPhone 時代，正式涉足手機市場。蘋果透過在產品、效能、作業系統、管道和服務方面的差異化定位，一舉擊敗其他競爭對手，打破 Nokia 連續 15 年銷售量第一的壟斷地位，成為全球第一大手機生產廠商。

2. 行銷創新：「捆綁式行銷」帶動銷售量

「出售夢想而非產品。」賈伯斯讓人們對蘋果公司產生了這樣的印象，即蘋果打動消費者的不是其生產的產品本身，而是這些產品所代表的夢想。

在行銷創新方面，蘋果公司的「飢餓行銷」策略讓很多消費者被牽著鼻子走，同時為蘋果聚集了一大批忠實粉絲。賈伯斯最為經典的一幕，就是他身穿黑色上衣和藍色牛仔褲站在發表會上。蘋果公司的產品會，就是一次引領潮流的盛會。與此同時，蘋果一直採用「捆綁式行銷」的方式帶動銷售量，讓使用者對其產品形成很強的依賴性。

3. 商業模式創新：將硬體、軟體和服務融為一體

在賈伯斯的帶領下，蘋果公司開創了一個新的商業模式，將硬體、軟體和服務融為一體。這一模式的成功，讓蘋果看到了基於客戶端的內容服務市場的巨大潛力。在其整體策略上，也已經開始了從純粹的消費電子產品生產商向以客戶端為基礎的綜合性內容服務提供商的轉變。

此後，推出 App Store 是蘋果策略轉型的重要舉措之一。「iPhone+App Store」的商業模式創新適應了手機使用者對個人化軟體的需

第五節　形成真正的創新力

求,讓手機軟體業務開始進入一個高速發展空間。蘋果的 App Store 是對所有開發者開放的,任何有想法的 App 都可以在 Apple Store 上販售,販售收入與蘋果七三分成,除此之外沒有任何的費用。這讓許多第三方開發者躍躍欲試,同時豐富了 iPhone 的使用者體驗。這才是一種良性競爭:不斷拓展企業的經營領域和整個價值鏈範圍,使市場中的每個玩家都能獲益。

賈伯斯是改變世界的天才。他憑藉敏銳的觸角和過人的智慧,勇於變革,不斷創新,引領全球資訊科技和電子產品的潮流,把電腦和電子產品變得簡約化,這也是賈伯斯留給世界的非凡遺產。

第十章　形成真正的創新力：創新的管理與價值

本章小結

◎杜拉克與稻盛和夫的相同點：

兩人在鼓勵創新方面理念一致。杜拉克認為，創新是有目的性的。企業家藉助創新，把改變視為一個開創不同事業的機會。稻盛和夫在「經營十二條」中點出了一條重要的內容：不斷從事創造性的工作。明天勝過今天，後天勝過明天，刻苦鑽研，不斷改進，精益求精。

◎杜拉克與稻盛和夫的不同點：

創新的出發點和方式不同。

杜拉克提倡競爭，推崇自主創新。杜拉克認為，企業要重視為員工提供公平競爭的環境和氛圍，以充分發揮每個人的才能。企業把新的管理要素（如新的管理方法或手段、新的管理模式等）引入企業管理系統以更有效地實現組織目標。

稻盛和夫認為，企業家要時時保持創新的能力。日本企業由於國內市場有限，歷來有很強的危機意識和憂患意識，導致他們特別善於學習和借鑑他人的優秀經驗。在學習和借鑑中，他們形成了善於創新和注重創新的精神。

第十一章
激勵人性：注入經營的真諦

管理是一門真正的博雅藝術。管理者要做的是激發人的善意，釋放人本身固有的潛能，創造價值，為他人謀福祉。這就是管理的本質。

—— 彼得・杜拉克

第十一章　激勵人性：注入經營的真諦

第一節　公司治理與經營

管理大師彼得・杜拉克指出：「大公司的管理不是由一個人指揮千軍萬馬，而是借助一套特定的機制來傳遞責任並互相負責的流程。」他認為，最好的組織結構也不一定保證一個組織可以獲得成果和傑出的績效，而組織結構不合理，它的績效肯定不會好，只會造成摩擦和挫折。不合理的組織結構把注意力集中在不恰當的問題上，加劇不必要的爭論，小題大做。同時，它使弱點和缺陷加大，而不是使長處和優勢加強。所以，恰當的組織結構是取得良好績效的先決條件。

一、公司治理與經營的三個面向

公司治理與經營，主要包括企業體制、經營體制和利潤體制等。企業體制、經營體制、利潤體制不是三個層次，而是三個面向，三位一體。它們之間的關係如圖 11-1 所示。

企業體制，以「產權」為主題，以治理結構為主要內容，以組織體系為載體，解決的是企業的利益格局問題。具體內容包括企業組織架構、股東會、董事會、理監事、總經理層的議事規則，上級對下級的管控模式（如集權、分權、授權等）。

第一節　公司治理與經營

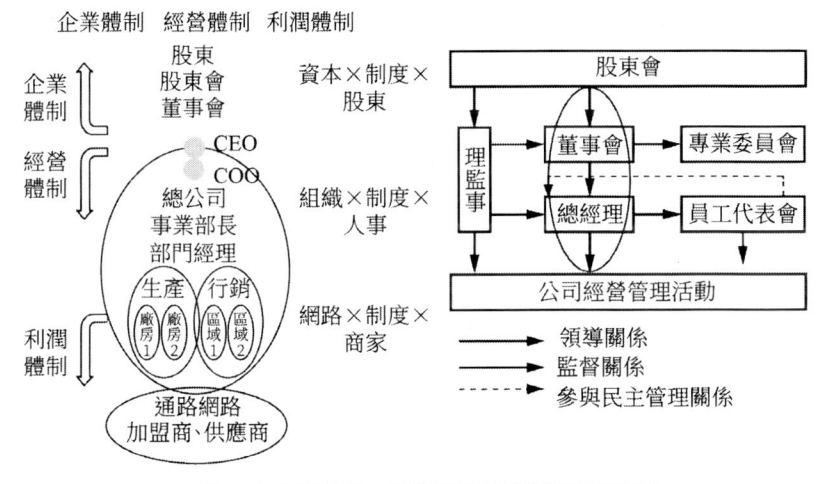

圖 11-1 企業體制、經營體制和利潤體制的關係

經營體制，以「經營」為主題，以激勵（約束）機制為主要內容，以各利益相關者（部門、職位）相互作用的方式為載體，解決的是企業的動力和活力問題。

利潤體制，以「利潤」為主題，主要涉及創造利潤的部門，如生產部門和行銷部門等。

二、公司治理與經營的分權制度

在公司治理與經營方面，杜拉克與稻盛和夫的區別是分權制度。

稻盛和夫為他的經營模式取名為「阿米巴經營」，如果從管理理論上溯源，則要追溯到杜拉克的模擬分權制。

(1)杜拉克的「模擬分權制」。

作為管理學大師的杜拉克，在組織架構上提出了「聯邦分權制」（或稱事業部制）和「模擬分權制」。

第十一章　激勵人性：注入經營的真諦

　　聯邦分權制，是按照企業所經營的事業，包括按產品、按地區、按顧客（市場）等來劃分部門，設立若干事業部。事業部是在企業總體領導下，擁有完全的經營自主權，實行獨立經營、獨立核算的部門，既是受公司控制的利潤中心，具有利潤生產和經營管理的職能，也是產品責任單位或市場責任單位，對產品設計、生產製造及銷售活動具有統一領導的職能。

　　模擬分權制則是要模擬事業部制的獨立經營、單獨核算，因而不是真正的事業部制，實際上是一個個「生產單位」（或稱經營體）。這些生產單位有自己的職能機構，享有盡可能大的自主權，負有「模擬性」的盈虧責任，目的是要激發員工的生產經營積極性，改善企業生產經營管理。

　　需要指出的是，這些被劃分為小的「經營單位」之間實際上的財務核算是由企業政策決定的，依據的是企業內部制定的價格，而不是市場價格。也就是說，這些生產單位並沒有自己獨立的外部市場，這是與聯邦分權制的本質差別所在。

　　但「模擬分權制」也有先天缺陷：既然要「享有盡可能大的自主權，又負有『模擬性』的盈虧責任」，那就要求「經營體」成員要「看重績效」；但因為事實上各「經營體」並不獨立面對外部市場，彼此之間有緊密的業務關聯，因此不能過分強調個人和小團體的利益，因而又要求員工「看淡績效」，這就造成了心理上難以協調的「矛盾」。

　　(2)稻盛和夫的「阿米巴經營」。

　　在日本，稻盛和夫成功地踐行「阿米巴經營」，京瓷和KDDI的成功經營、日航的轉虧為盈反映出「阿米巴經營」的可複製性。

　　阿米巴經營要求各個阿米巴經營者獨立核算、自負盈虧。這種模式

成功的原因在於：首先，企業主和阿米巴經營體都要把「作為人，何謂正確？」作為行事處世的判斷標準，這樣才可能防止個人主義和小團體主義；其次，企業主要有大義之心，以「在追求全體員工物質和精神兩個方面幸福的同時，為人類及社會的進步與發展做貢獻」的信念下，建構企業的經營哲學。在形成哲學共有的前提下，才有可能克服「模擬分權制」的先天缺陷。

稻盛和夫在創業後的第二年，就遇到 11 名新員工「要求企業為他們未來負責」的挑戰。經過劇烈的內心掙扎，稻盛和夫得出了這樣的結論：員工把青春貢獻給了企業，當然希望企業能照顧他們的未來，所以一個企業主一定要有為員工幸福擔當責任的思想。也是從那時起，稻盛和夫完成了從一個普通的經營者向真正的企業家的轉變。

第十一章　激勵人性：注入經營的眞諦

第二節　為公司注入經營的真諦

2010 年 2 月 1 日，稻盛和夫臨危受命接手破產的日航；2012 年 3 月 31 日，日航已成為全球航空業的利潤冠軍。短短兩年，稻盛和夫到底為日航做了哪些經營管理上的大手術？

總體來說，日航改革的成功＝經營方案 × 人心 × 執行。稻盛和夫在日航只做了以下三件事情：為日航植入經營哲學；改造日航現有財務系統，帶入經營會計；建立適合日航特點的阿米巴經營體制。日航的組織改革如圖 11-2 所示。

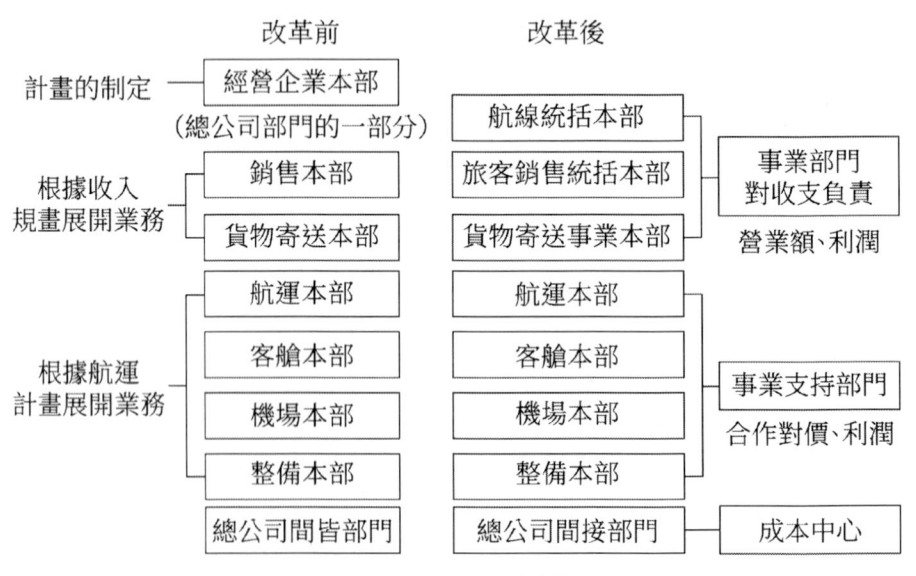

	改革前	改革後	
計畫的制定	經營企業本部（總公司部門的一部分）	航線統括本部	事業部門對收支負責　營業額、利潤
根據收入規畫展開業務	銷售本部	旅客銷售統括本部	
	貨物寄送本部	貨物寄送事業本部	
根據航運計畫展開業務	航運本部	航運本部	事業支持部門　合作對價、利潤
	客艙本部	客艙本部	
	機場本部	機場本部	
	整備本部	整備本部	
	總公司間皆部門	總公司間接部門	成本中心

圖 11-2 日航的組織改革

第二節　為公司注入經營的真諦

一、改革前的日航陷入困境，原因何在

經營上遭遇「內憂外患」被認為是日航破產的主要原因。

在內部，日航的主要弊病體現在營運成本高和體制僵化兩個方面。而營運成本過高的主要原因有以下三點：

第一，勞動力成本高。

日航支付給員工的薪水是同行業的2倍，並且日航員工享受到的各種福利標準也是其他公司無法相比的。

第二，航線成本高。

日航有150多條國內航線，但是搭乘率超過70％的航線不超過20條。再加上日航曾接收了國內赤字航線，因而不得不維持著高成本的航線營運。

第三，飛機成本高。

日航的飛機品種多，老化快，對於駕駛員和飛機維修人員技術要求各不相同，增加了飛機人工費用的支出。日航中還有眾多能耗大的大型飛機，更讓飛機成本居高不下。

另外，日航受到在國有企業時期形成的舊觀念和制度的影響，對自己的體制弊端視而不見，體制嚴重僵化、機構臃腫。在營運方面，管理層長期依賴政府買單，公司過多地聽從政府指令，市場意識薄弱。例如，為幫助政府拉動就業，開闢了許多無利可圖的航線，導致企業負擔日益加重；員工在慣性思維的影響下，也過著「做一天和尚撞一天鐘」的日子，企業內部幾乎沒有人再認真考慮如何去提升日航的業務效率。

在外部，日航的發展主要受到外部經濟環境和日本高速鐵路「新幹線」兩個方面的影響。

第十一章　激勵人性：注入經營的真諦

二、稻盛和夫的改革，為日航注入「經營真諦」

稻盛和夫接手日航後，日航的改革迅速獲得了巨大成功。

(1)第一步：植入經營哲學／理念，轉變員工思想。

如何才能讓日航恢復往日的活力？稻盛和夫想到自己創辦的京瓷和KDDI進入500大，憑藉的就是稻盛哲學這個武器。於是，他開始思考如何將哲學融入日航重建之中。稻盛和夫認為，必須將經營的哲學傳遞給日航的每個員工，改變員工各自為政的思想，恢復企業的凝聚力。於是接下來的每個月，稻盛和夫都要開一次大會，向員工傳授他的經營哲學——敬天愛人，引導員工熱愛自己的工作和生活，要求員工投入熱情做事，不要僅僅是遵照工作守則，而是要發自內心地為客戶著想。

稻盛和夫對日航重建的努力，被日航員工們看在眼裡，對他們的服務意識產生潛移默化的影響。員工們的心被稻盛哲學和經營理念緊緊抓住，他們都發自內心地盼望著日航早日騰飛，為此更加拚命地努力工作。日航的狀況一天天好轉。

(2)第二步：匯入經營會計體系，分析調整經營策略。

日航長期以來多數航線虧損，主要原因是經營者們無法在經營上做出準確的判斷。

經營者們為什麼無法在經營上做出準確判斷呢？主要是經營者們並不清楚每條航線和每個班機的具體損益狀況。更進一步說，是經營者們普遍缺乏經營中的數字意識。

稻盛和夫認為財務報表上的數字就是為經營者指引正確方向的「指南針」。經營者必須依據數字才能掌握企業實際的經營狀況，從而做出準確的經營判斷。也只有依據這樣的數據資料，幹部、員工們才能有針對

性地出謀劃策、改善經營。在匯入經營會計不久後，大家很快建立了盈虧意識。

稻盛和夫趁熱打鐵將「實現銷售額最大化和經費最小化」作為日航經營的原理和原則。為實現這一目標，日航開始進行大刀闊斧的改革。

經營會計的引進讓日航對自己的經營狀況更加了解，同時讓日航在制定經營策略時更加快速、準確。

(3)第三步：引入阿米巴分部門的核算體制，實現循環改善。

為了讓經營會計這個系統量化的工具在日航重建過程中發揮更大的作用，讓日航從根本上轉虧為盈，稻盛和夫決定將阿米巴分部門的核算經營體制引進日航，讓日航的各個部門成為一個個更精細的小單位，再對這些小單位進行獨立核算管理。

透過阿米巴分部門核算，日航每條航線被劃分成一個個獨立的小單位，每條航線都以一個經營責任人為核心，員工們主動參與航線經營，實現「全員參與經營」。參照這種做法，日航也將飛機維修和機場的各個部門盡可能地劃分為一個個更小的單位。這種精細的部門獨立核算經營機制，不僅確立了與市場掛鉤的核算制度，也讓小單位經營者們對每條航線掌握得更清楚。在阿米巴模式下，小單位經營者的經營意識逐漸增強，為更快地提升日航員工的經營能力打下了良好的基礎。

在日航重建過程中，阿米巴分部門的核算經營體制鞏固了第一年努力的成果，真正實現了日航全員參與經營，使日航的經營利潤不斷提升，朝著正確的方向前進。

第十一章　激勵人性：注入經營的真諦

三、日航重生帶來的啟示

日航再度飛天這個奇蹟告訴我們：謀略固然重要，然而更重要的卻是經營人心。

稻盛和夫在拯救日航的過程中，首先選擇的是從人心出發，帶入哲學理念，改變日航員工們的思考方式，讓他們樹立利他之心，激發他們為日航全心全意服務的熱情。在奠定了良好的哲學基礎的同時，稻盛和夫開始利用系統化的經營會計量化工具對日航進行剖析，貫徹日航的經營理念，清晰日航的經營策略，層層深入，確定了正確的策略方向。最後利用阿米巴經營中的分部門核算經營體制對日航進行精細化管理，達到全員參與經營。

第三節　激勵人性理論

人性假設：X 理論和 Y 理論，由美國行為科學家道格拉斯・麥克雷戈（Douglas McGregor）提出。激勵人性理論對比如表 11-1 所示。

表 11-1 激勵人性理論對比

西方理論	經濟人「X」	社會人	自動人「Y」	複雜人「超 Y」
中國理論	性惡論：人之初，性本惡。	性善論：人之初，性本善。	盡性主義：個性中心論。	流水人性：善惡不是天生，是後天教育的結果。
內涵	目好色，耳好聲，口好味，心好利。骨體膚理好愉佚。（荀子）	惻隱之心，羞惡之心，辭讓之心，是非之心。（孟子）	把各人的天賦才能發揮到十分圓滿，人人可以自立。（梁啟超）	人性無善與不善，猶水無分東西，決諸東方則東流，決諸西方則西流。（告子）

X 理論的人性假設是靜止地看人，相應的管理方式是「胡蘿蔔加棍棒」，一方面靠金錢收買和刺激，另一方面嚴密控制、監督和懲罰迫使人為組織做出貢獻。麥格雷戈發現現實組織的結構、政策、制度均以 X 理論為依據。

第十一章　激勵人性：注入經營的眞諦

在新觀點 Y 理論的作用下，管理人員把重點放在創造機會、發掘潛力、消除障礙、鼓勵成長、提供指導的過程等方面。

X 理論完全依賴對人的行為的外部控制，而 Y 理論則重視依靠自我控制和自我指揮。這種差別就是把人視為孩子來看待還是視為成年人來對待。Y 理論有其積極的一面，但並非所有人都是如此。

一、管理是激發人性的善

人性假設，就是對人的本質的認知，它是建立科學管理理論的基礎。在不同假設前提下，管理者會採取不同的方法與手段來激發員工的工作熱情。

在《卓有成效的管理者》一書中，杜拉克有兩個最基本的人性假設：①卓有成效是必須學會的；②卓有成效是能夠學會的。這兩個假設實際上就是基於杜拉克對人性中善的一面的基本分析。

基於人性的複雜，管理就要想辦法激發其中的光明和善意的一面，讓人的潛能得到充分發揮，這才是管理要研究的大問題。人能夠把組織管理好，能夠讓績效提升，也一定能以向上的、積極的心態去追求使命與理想。杜拉克的高明之處在於，他並不是站在人性善惡的角度去考慮問題，而是從人性的基本點出發，來評估管理者的能力。

同時，杜拉克把價值觀引入了管理當中，為管理注入了新的內涵。他對管理的定義非常簡單，指出管理是界定企業使命，激勵並組織人力資源去實現這個使命的過程。他還認為，界定使命是企業家的任務，而激勵和組織人力資源屬於領導力範疇。透過這兩者的結合，透過杜拉克的管理理念，透過他對管理的簡單定義，我們能夠了解到他對人的看

法,對人性的認知,對管理者、對領導者的認知。

人的需求中,有一點是成就感,人需要活得更加有意義。因此,成就感就是激勵的原動力。所以應該說,目標管理和自我控制理論是杜拉克站在人性分析的基礎上所得出的結論,包括聯邦分權制。這不僅是一種組織形式,還是管理者要想辦法將人之善激發出來,同時抑制人性的陰暗面,抑制人對權力渴望的一種方式。在我們的組織架構中,怎樣才能讓人性中的陰暗面得不到表現的機會呢?杜拉克提議,要採用聯邦分權制,如權力要分散進行,要合法。特別是針對權力的合法性,如要想辦法讓負責任的人,讓各個部門、各分公司或者業務單位的人負起責任,這都是聯邦分權制的內容。

二、經營者要磨練靈魂

美國著名社會心理學家馬斯洛將人的需求分為五個層次,從低到高依次是生理需求、安全需求、社交需求、尊嚴需求和自我實現需求。

這五種不同層次的需求,對人類而言,都需要透過一種方式來獲得,那就是工作。只有透過「不亞於任何人的努力」,才能夠獲得滿足生理需求的物資,獲得安全的保障,在工作中還能夠滿足社交需求;當你做出一定的成績時,你將會獲得他人的尊重;如果你能夠達到稻盛和夫這種層次,自我實現需求就自然會得到滿足。

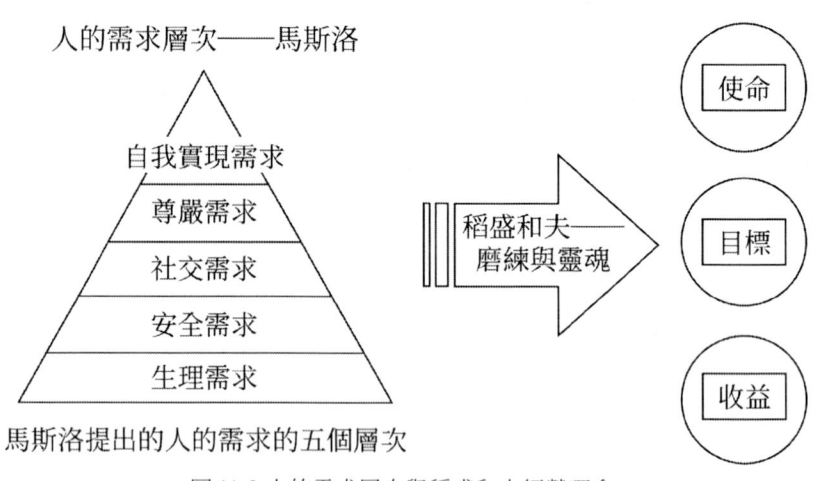

第十一章　激勵人性：注入經營的真諦

圖 11-3 人的需求層次與稻盛和夫經營理念

稻盛和夫認為為了實現使命、達成目標和創造高收益，必須不斷地磨練靈魂。

他認為人性善惡同時存在。他說，為什麼會表現出善或惡，就要看人心中善的成分與惡的成分比例。如果善多，則是性善，反之就是性惡。每個人心中的善惡都是同時存在的，關鍵是你要磨練哪一個。

在稻盛和夫的眼中，人生的目的，首先就是磨練心性。換句話說，人生最重要的目的就是磨練靈魂。無論何時何事，都要表達感謝。

一切成功歸結於「利他之心」。從「利己」轉變為「利他」，讓稻盛和夫的生活和經營得到了重生。在他看來，做企業同樣如此，以獲得財富、博取名聲為目的而開創事業的人，即使企業獲得一時的成功，也終究無法發展壯大。

培育美好的心靈根基。每個人來到這個世上，並非都是帶著純潔美好的心靈。而我們需要做的，就是在自己的人生中努力磨練靈魂。

同樣，是否適合當領導者，由「心」決定，而組織的好壞則取決於領導者的心。領導者的人生觀、思維方式和心中抱有的思想理念，會原封不動地反映在組織和集團的存在方式上。

稻盛和夫認為，如果自己不能成長為一個受人尊敬的人，那麼不管口頭上如何強調「讓我們共同努力吧」，這種熱情也無法傳遞。

「提升心性，拓展經營」，這是稻盛和夫在面對經營者時，一貫堅持的態度。只有提升人格，才能驅動人心，「自省」則是不斷修正自己，提升心性的絕好方法。

第十一章　激勵人性：注入經營的眞諦

第四節　從管理理念到管理實踐

　　管理活動源遠流長，人類進行有效的管理活動，已有數千年的歷史，但從管理實踐到形成一套比較完整的理論，則經過了漫長的歷史發展過程。回顧管理學的形成與發展，了解管理大師對管理理論和實踐所做的貢獻，以及管理活動的演變和歷史，這對每個學習管理學的人來說都是必要的。

　　美國管理大師彼得・杜拉克說過，如果你理解管理理論，但不具備管理技術和管理工具的運用能力，那麼你還不是一個有效的管理者；如果你具備管理技巧和能力，而不具備管理理論，那麼充其量你只是一個作業員。從管理理念到管理實踐的過程中，管理工具至關重要，如圖11-4所示。

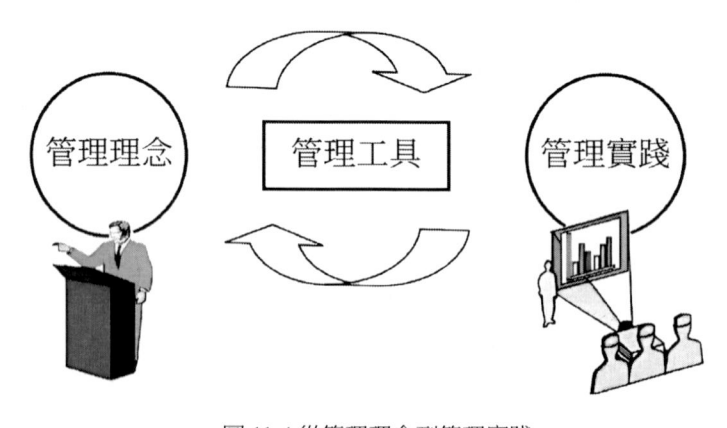

圖11-4 從管理理念到管理實踐

　　杜拉克和稻盛和夫都是具備管理理念和管理實踐的大師。追尋大師足跡，重溫大師思想，能夠使人受到很大助益。

一、杜拉克管理理論淵源和主要架構

杜拉克的思想源頭和基礎,是西方源遠流長的個人主義、保守主義和自由主義。前兩者亦可歸入廣義的自由主義範疇。

1. 杜拉克建構了現代組織及管理理論的龐大體系和結構。

當代管理學的策略理論、行銷理論、企業文化理論、領導理論以及組織行為理論,都可以從杜拉克理論體系中找到源頭。

2. 杜拉克策略理論。

其主要觀點和理論架構(模型)如下:

①企業的目的是創造顧客。

②經營理論或事業理論。

③策略特徵和成長類型。杜拉克認為,策略是一種選擇,是一種取捨。有時候不做什麼比做什麼更重要。

④創新和企業家精神。杜拉克所言創新,是廣義的創新,不僅包括技術創新,而且包括顧客價值創新、管理及組織創新等。

⑤不確定環境下的策略選擇。身為社會生態學家,杜拉克關注社會及產業系統的變化,研究了許多產業的演變趨勢。杜拉克敏銳地發現了社會經濟系統的不確定性和非連續性,將其作為當代組織面臨的主要挑戰。

3. 管理行為。

1954年,《管理實踐》出版,象徵著管理學理論的誕生。自工業革命和市場經濟出現以來,工商企業成為社會組織的主要形態。

第十一章　激勵人性：注入經營的眞諦

（1）管理的定義。杜拉克認為，管理是一種實踐，最重要的不在知，而是在於行。管理是學科但不是科學。管理是透過他人的工作來獲取成果。管理者不能什麼事都親力親為，需要激發被管理者的潛能和積極性。杜拉克發出了至今仍震撼人心的呼籲：管理就是要成就他人！

（2）目標管理。管理者的主要任務在於激發員工承擔責任的意願，透過分權等為其完成職責創造條件。責任人，是杜拉克念茲在茲的核心管理概念。

目標管理，統一了員工個人理性和組織理性。員工所承擔、承諾的責任，是組織責任的一部分；員工自願、自主的行為，是組織協同行為的重要部件。所謂眾志成城。透過目標管理，杜拉克解決了組織悖論：個體和組織如何相容。

（3）卓有成效的管理者。《卓有成效的管理者》是一部影響眾多管理者的偉大著作，許多人就是從這本書開始進入杜拉克世界的。

何為管理者？

第一，管理者是所有權和經營權相分離的產物。管理者不是股東（主要指控制人）私人代表，而是組織責任的擔當者。管理者因責任而存在。第二，管理者未必是帶團隊者，一些知識型員工也是管理者。第三，管理者並非天資過人的天才，甚至可以說人人都是管理者。

何為有效或者卓有成效？

有效是指產生成果。管理必須產生成果，而成果出現、存在於企業外部，並不是內部。也就是說，檢驗成果的唯一標準是顧客價值。

說到成果，杜拉克認為，它來源於機會，而且對企業來說往往分布於較少的領域，因此需要集中力量。管理者的有效性，是一種可以訓練

和學會的技能,是一種習慣。

杜拉克提出有效的管理者,與知識型員工出現以及壯大有關。這些人一方面有了超越經濟利益的動機和追求;另一方面不願意被控制和擺布,希望有一定的自由空間。而成為卓有成效的管理者,可以實現他們的自我價值。

二、稻盛和夫確立經營理念

稻盛和夫的經營思想由三個層次或者說三個部分構成,分別是經營哲學、經營理念、經營手法。這三個層次是層遞關係。

1. 經營哲學。

稻盛和夫在不斷地對工作以及人生進行自問自答的過程中,總結出了京瓷哲學(以下簡稱「哲學」)。這個哲學是透過實踐得出的人生哲學,其根本在於「人應該怎麼活著」。如果以正確的生活方式去度過人生,那麼每個人的人生就會變得幸福,公司也會得到發展。

「哲學」是怎樣的一種思維方式?稻盛和夫認為哲學是在面對「作為人,何謂正確?」、「人為什麼而活著?」這種根本性問題,克服各式各樣困難的過程中孕育產生的工作和人生的指標,也是引導京瓷發展至今的經營的哲學。

2. 經營理念。

稻盛和夫在經營企業的過程中,開始持續認真地思考「公司應該成為一種怎樣的組織」這個問題,最終意識到公司經營必須保護員工及其家屬未來的生活,為大家謀幸福。進而意識到,若要公司長久發展,就

第十一章　激勵人性：注入經營的真諦

必須為社會的發展做出貢獻，履行身為社會一員的責任。之後，京瓷把公司的經營理念確定為「在追求全體員工物質與精神兩個方面幸福的同時，為人類和社會的進步與發展做出貢獻」。京瓷也因此從一個以「讓技術得以問世」為目的的企業轉變為追求全體員工幸福的企業，從而確立了公司經營的牢固基礎。

3. 經營手法。

阿米巴經營是稻盛在京瓷的經營過程中，為實現京瓷的經營理念而獨創的經營管理手法。

阿米巴經營把公司組織劃分為被稱作「阿米巴」的小單位。各個阿米巴的領導者以自己為核心，自行制定所在阿米巴的計畫，並依靠阿米巴全體成員的智慧和努力來完成目標。透過這種做法，生產現場的每一位員工都成為主角，主動參與經營，從而實現「全員參與經營」。

稻盛和夫不僅思考總結了經營哲學和經營理念，還將這些經營理念應用於企業經營實踐中，並且取得卓越的成績。稻盛和夫創立的京瓷、KDDI 以及稻盛主導重建的日本航空等企業都引進了阿米巴經營，稻盛和夫的理念在這些企業經營中，發揮了重要的作用。

案例：奇異經營之道

1981 年，年僅 45 歲的傑克・威爾許成為奇異歷史上最年輕的董事長和 CEO。他去求見杜拉克，談論有關企業成長的課題。杜拉克送給他一個簡單的問題：假設你是投資人，奇異這家公司有哪些事業，你會想要買？杜拉克的這個問題對威爾許產生了決定性的影響，使威爾許找到了經營的真諦。經過反覆思考，威爾許做出了著名的策略決定：奇異旗下的每個事

業,都要成為市場的領導者,「不是第一,就是第二,否則退出市場」。

在短短20年間,這位商界傳奇人物使奇異的市場資本成長30多倍,達到了4,100億美元。他所推行的「六標準差」策略、全球化和電子商務,幾乎重新定義了現代企業。

1. 不斷改革管理體制

由於奇異公司經營多樣化,品種規格繁雜,市場競爭激烈,所以在企業組織管理方面也積極從事改革。1950年代初,奇異就完全採用了「分權的事業部制」。當時,整個公司一共分為20個事業部。每個事業部各自獨立經營,單獨核算。以後隨著時間的推移,出於企業經營的需求,該公司對組織機構不斷進行調整。

2. 奇異注重以人為本

在奇異公司發展的108年歷史當中,激動人心的事件數不勝數,並且每個事件都把奇異引向更加成功的方向。1980年代初,奇異將自己臃腫的350個業務部門精簡為10個核心業務部門,使其成為行業中的龍頭;這是一家多元化公司,11個業務集團拆開來排名,有9個可以進入《財富》(Fortune) 500大。奇異企業文化擁有了為人們津津樂道的「群策群力」、「速度」、「無邊界」、「橫向學習」等概念和方法。

奇異有一整套考核和激勵人員的方法,對員工的要求是既有奇異價值觀又有業績。員工可以參加「360度」評估,就是讓你的上司、同事、下屬和客戶從不同角度對你進行評估,讓你知道如何提升自己。經理要心平氣和地與下屬坐在一起,告訴他們在公司中所處的位置,儘早和員工說實話,讓他有所意識,使員工不斷進取、天天向上。

第十一章　激勵人性：注入經營的真諦

3. 奇異關注客戶需求

　　奇異的每個業務集團都是其行業領域的第一或者第二，是因為奇異最大限度地關注著「客戶需求」。客戶從來沒有像現在這樣，正在需要越來越多的服務，奇異從「客戶需求」中獲得了無限商機。比如，奇異的飛機引擎免拆卸維修，就是為客戶提供最大限度的服務，而此類業務也使奇異從供貨商變成一種合作夥伴，拓展了利潤空間。

4. 奇異公司的用人之道

　　美國奇異公司在管理過程中也十分重視人的作用。他們認為，企業的成功取決於人才儲備。因此從最高領導者到各級人事部門都很重視用人之道，並建立了一整套人事管理制度，從職員的招收錄用、培訓、考核任免到獎懲、薪資和解僱等方面，加強對人的科學管理，做到人盡其才，以確保通用公司在高度競爭的世界市場環境中居於領先地位。

　　用人之道在於激發人的主觀動力和積極性，過去奇異公司人事部門叫「人事管理部」，強調「管」。但單靠「管」是不能激發人的工作熱情的，人事部門的任務是開發和挖掘人的潛力。因此人事部門現稱為「人力資源部」。

　　各級人事職員受業務部門和人事部門雙重領導，關係隸屬人事部門。他們不集中辦公，而是分散到各個業務部門中工作。由於奇異公司人員流動大，調動頻繁，每年約有45%的人員職務或職位有變動，所以人事部門工作人員的第一件事就是要熟悉和關心職員。一位人事部經理說：「在一個家庭內，父母關心著每一個成員。同樣在公司內，人事部門要以父母之情去關心公司的每一位職員，隨時回答他們的問題，了解他

們心裡想什麼、做什麼和為什麼,盡量幫助他們解決困難,使他們心情愉快地工作。」

人事部門根據公司的生產、工作情況制定各部門人員編制。在定編定員時要與各用人單位協商,方案由各集團的總經理認可後執行。

奇異公司用獎優懲劣來激發職工的工作熱情。一般公司透過提升薪資、職位晉升、發獎金等手段來表揚和鼓勵職員不斷上進。但奇異公司認為金錢不是萬能的,對一個人的最大激勵是給他們探索、創造的機會,讓他們承擔更重要的責任,給予他們榮譽。公司經常在各種範圍的會議上,表揚那些工作優秀的職員,介紹他們的成就,並且公司最高領導親自授予證書、獎章。

奇異公司的經理們從長期的實踐中深深懂得了人才是他們成功之保證。他們擁有世界上第一流的技術和管理人才,因此奇異能在激烈競爭中保持不敗並處於領先地位。但他們並不滿足於已經取得的勝利,而是注意創造條件去迎接未來更激烈的競爭。優秀的人才是未來勝利的保障。所以他們不惜花大量經費、人力用於職工的教育與培訓事業,以期保持領先地位和管理現代化,不斷擴大市場,提升效益。

第十一章　激勵人性：注入經營的眞諦

本章小結

◎杜拉克與稻盛和夫的相同點：

基於人性的管理，他們理念相通。杜拉克認為，管理就要想辦法激發人們光明和善意的一面，讓人的潛能得到充分發揮，這才是管理要研究的大問題。「提升心性，拓展經營」是稻盛和夫在面對經營者時一貫堅持的態度。只有提升人格，才能驅動人心，「自省」則是不斷修正自己，提升心性的絕好方法。

◎杜拉克與稻盛和夫的不同點：

1. 理論淵源和主要架構不同。

杜拉克建構了現代組織及管理理論的龐大體系和結構。當代管理學的策略理論、行銷理論、企業文化理論、領導理論以及組織行為理論，都可以從杜拉克理論體系中找到源頭。

稻盛和夫的經營思想由三個層次構成，分別是經營哲學、經營理念、經營手法。這三個層次是層遞關係。

2. 文化背景的不同。

杜拉克是美國管理模式的代表。美國企業組織通常標準化、程序化程度高，組織內部各部門責任、許可權明確，有可能按照規範經營。企業的決策方式是個人決策，自上而下、強調個人責任、重視定量分析。

稻盛和夫是日本式管理的代表。稻盛和夫重視能夠同甘共苦、猶如家族般的信賴關係。這可以說是京瓷員工們攜手並進的基本出發點。

第十二章
看不見的管理：經營哲學推動企業發展

哲學是在面對「作為人，何謂正確？」、「人為什麼而活著？」這種根本性問題、克服各式各樣困難的過程中孕育產生的工作和人生的指標，也是引導京瓷發展至今的經營的哲學。

——稻盛和夫

第十二章　看不見的管理：經營哲學推動企業發展

第一節　強而有力的組織依靠使命驅動

在管理學發展史上，杜拉克做出了重大貢獻，他清晰界定管理的使命和地位，提出一整套管理的哲學及藝術。

杜拉克的管理哲學建立在嚴格法制規則和清晰價值觀的生態環境基礎之上。杜拉克的管理哲學，博大精深，深入淺出，相比稻盛和夫的經營理念，更加重視管理規則、管理體系和管理制度的建立和完善。

一、管理者的第一要務是重新定義公司使命

杜拉克認為，管理者具有三大使命：「達成目的，使工作者有成就感，履行社會責任。」富有成效的領導者，第一要務可能是重新定義公司的使命。

為了從策略角度明確企業的使命，應系統地回答下列問題：

(1) 我們的事業是什麼？

(2) 我們的顧客群是誰？

(3) 顧客的需求是什麼？

(4) 我們用什麼特殊的能力來滿足顧客的需求？

(5) 如何看待股東、客戶、員工、社會的利益？

一個強而有力的組織必須要靠使命驅動。企業的使命不僅回答企業是做什麼的，更重要的是為什麼做，這是企業終極意義的目標。

崇高、明確、富有感召力的使命不僅為企業指明了方向，而且使企業的每一位成員明確了工作的真正意義，激發出內心深處的動機。

因為每一個企業都有責任樹立一個共同的目標與統一的價值觀，所以企業必須擁有簡明扼要、清晰明瞭而又獨一無二的宗旨。

組織的使命是必須擁有很高的透明度和足夠大的規模，以便能夠提供一種共同的願景。管理面臨的首要任務在於思考、制定和說明這些宗旨、價值觀與目標。

讓企業管理者具備使命感，企業需要建立優秀的核心理念，優秀的核心理念能激發企業管理層的責任感、榮譽感、工作熱情和創新精神，由內至外地約束、引導和激勵著企業領導者的行為乃至整個組織的行為，不斷發揮出深遠的影響力。企業管理者受企業文化核心價值觀標準或企業精神的激發與感染，將產生文化覺醒和行為自律，使自我的職業行為更加符合文化的引導、行為的約束和使命感的召喚。

二、管理者要讓企業的使命成為整個團隊的使命

稻盛和夫有關領導者的五個資質——具備使命感、明確地描述並實現目標、必須不斷地挑戰新事物、必須獲取集團所有人的信任和尊敬、抱有關愛之心——的闡述，為當下的企業經理人確立了明確的標準。

具備使命感，並讓這種使命感為整個團隊所共有，是領導者首先必須具備的資質。人一旦擁有了可以為之捨棄生命的信仰、信念、決意、責任感和使命感，就等於擁有了百折不撓、永不屈服的勇氣。

只有具有了強烈的使命感，才有可能產生創造性的事業和創造性的企業。例如，在京瓷就有全體員工共有的經營理念：「在追求全體員工物質和精神兩個方面幸福的同時，為人類社會的進步發展做出貢獻。」這樣的企業使命，員工都能從內心產生共鳴，他們就會團結一致，為公司

第十二章　看不見的管理：經營哲學推動企業發展

的發展竭盡全力。像這樣揭示出每個人都能從內心認可的、無論誰都可以共同擁有的目的，就能讓團隊的全體人員團結一致，為共同實現這一卓越的理念而努力工作。

因此，企業領導者需要提出團隊能夠共同擁有的、符合大義的、崇高的企業目的，並將它作為企業的使命。企業領導者具備使命感，並讓這種使命感為整個團隊所共有，這就是領導者必須具備的最基本的資質。

第二節　形成強大的核心文化力

「追求全體員工的物質和精神幸福」、「為人類社會的進步和發展做出貢獻」，這是日本京瓷的經營理念。稻盛和夫確立了這種經營理念，有效激發員工的積極性，促使京瓷獲得快速的發展。

稻盛和夫意識到了企業文化對京瓷的重要性，從而創立了阿米巴組織模式，並將京瓷哲學作為京瓷的企業文化，貫徹到每個人的心中，使公司的效率和創新能力得到了極大的提升，企業的競爭力得到了極大的提升，公司成功地度過了大蕭條。這說明企業文化在企業管理之中具有重要的作用。

一、企業文化逐漸成為一種新型的企業管理理論

無數知名企業的經營實踐表明，企業文化不僅可以促進組織財務業績提升，而且可以成就企業基業長青。

1970 年代，美國企業群體在同日本企業群體的競爭中連連敗北。面對嚴峻的競爭形勢和挑戰，西方管理界開始著手對美、日兩國的典型企業進行對比研究，希望能探究日本企業取勝的祕密。

經過對兩國企業生產和發展的比較研究，專家們發現：美、日兩國企業之間的差距不在技術、設備、資本等物質要素方面，而在兩種企業文化的差異。

日本企業普遍具有更強大的凝聚力，員工具有更強的奉獻精神，企業內部上下一心，相互協調，踏實肯做，紀律嚴明，有極強的適應和應

第十二章　看不見的管理：經營哲學推動企業發展

變能力。這一切都歸功於日本人將西方理性和東方靈性融為一體的企業文化，至此，「企業文化」這個概念引起了美國學者和世人的廣泛關注。

經過對美、日企業優勢的對比研究，西方學者發現日本企業既注意「硬體」管理，又重視「軟體」管理。

《日本的管理藝術》(The art of Japanese management)的作者李察‧帕斯卡爾（Richard T.Pascale）和安東尼‧阿索斯（Anthony G.Athos）指出，日本企業成功的祕訣在於硬管理與軟管理的有機結合。作者還在書中提出了一種框架性管理模型，即「7S」管理模式，如圖12-1所示。

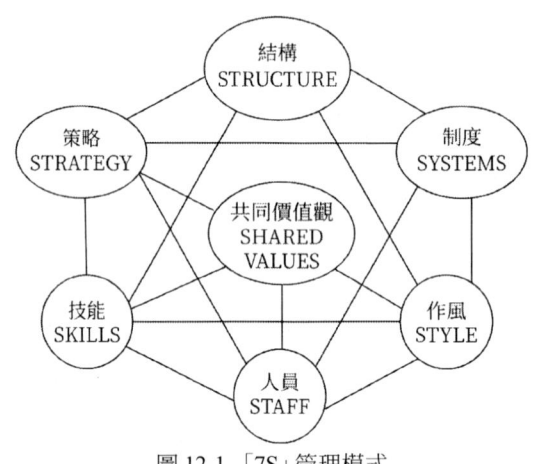

圖12-1　「7S」管理模式

研究發現，日本企業成功的主要因素是在重視三個硬性S的同時，更加重視四個軟性S；而美國企業在管理中過分偏重三個硬性S，忽略了四個軟性S。

第一，前「3S」：管理的硬體。

策略：包括計劃、措施，指一個企業如何獲取和分配有限的資源以達到預定的組織目標。

結構：指一個企業的組織方式。

制度：指資訊在企業內部傳送的程序、形式。

第二，後「4S」：管理的軟體，即企業文化。

人員：指企業的人力資源狀況。

作風：指企業領導者、管理人員的行為方式和企業的傳統作風。

技能：指主要人員或整個企業的獨特能力。

共同價值觀：指能夠激勵人心、將職工個人追求與企業組織目標完美結合起來的價值觀念或最高目標。

二、企業為何要打造強大的核心文化力

京瓷的成功，得益於京瓷哲學的成功，得益於稻盛和夫在京瓷打造出強大的核心文化力。

只有企業文化的力量才是人內在產生的力量，才是最深刻、最為終極的力量泉源。企業文化是滲透到組織血液裡的東西，它決定了組織的思維模式、心智模式，以及價值取向，決定了組織的行為模式和使命認知，因而它是企業本質的力量。

企業文化對企業競爭力的形成、作用、保持和促進具有根本性的支撐作用，決定著企業在市場活動中的態度，決定著產品、服務的價值取向和交付標準，決定著企業自身的組織規範和行為準則。

即企業將以怎樣的態度，怎樣的方式、手段來運用企業的資源參與市場競爭。這些都是企業競爭力形成的前提條件和後續保證。由此可見，企業的文化力決定了企業的核心競爭力。

第十二章　看不見的管理：經營哲學推動企業發展

核心文化力就是企業的核心競爭力，它符合核心競爭力的特徵：

(1) 不易模仿性。

企業文化要經歷一個長期演進過程、經過千錘百鍊逐步形成，而難以透過市場交易或簡單地仿效、移植來獲得。例如，稻盛和夫在經營京瓷事業過程中，雖然遇到過各式各樣的困難和痛苦，但最終還是渡過了難關。他在不斷地對工作以及人生進行自問自答的過程中，總結出了京瓷哲學。京瓷哲學又稱稻盛哲學，帶著稻盛和夫個人的印記，不容易模仿。

(2) 穩定性與延展性。

企業文化具有相對穩定性，可在時間維度和空間維度上延展，可以從一個產品延展到另一個產品，從現行事業延展到未來事業，一般不會因時間的流逝而發生本質上的變化。企業的核心哲學思想最具穩定性和延展性。品牌形象的延展性正是知名企業藉以實施品牌擴張與策略延伸的基礎。

(3) 差異性與變化性。

主要體現在企業擁有獨一無二性，既保持著相對穩定性，又總是處於不斷發展變化中。核心策略的獨占性和時效性是核心文化力差異性與變化性的主要原因和動因。

(4) 提升顧客價值。

顧客是企業核心競爭力的最終裁判者，核心競爭力必須為使用者提供根本性的好處或實惠。核心文化力可以帶來優質的或企業獨有的深具差異化的產品、服務和價值，因而擁有不可替代或效仿的顧客價值提升作用。

第二節　形成強大的核心文化力

　　任何僅僅將某一項專有技術、壟斷資源或暢銷產品視為企業核心競爭力的企業都不可能成為百年企業，更不會獲得基業長青式的發展。因為他們更關注對有形價值的依賴，從而忽視或淡化了「人的價值」。而企業真正的核心能力應該是以人為皈依的，影響人、改變人、培育人、提升人的「優秀企業文化的力量」，即持續獲取競爭優勢的能力。

第十二章　看不見的管理：經營哲學推動企業發展

第三節　經營哲學與管理相結合

企業的經營哲學，既是企業的核心理念，又是企業價值觀的展現，它是企業全體員工所共有的、對企業的長期生存與發展起著重要作用的價值觀和方法論，是企業在漫長的經營歲月裡沉澱下來的經營智慧和價值取向。它深深融入企業各層級的潛意識中，並沉澱為組織的共同價值觀、企業精神、企業使命、企業宗旨等思想文化。

一、經營哲學是企業文化力最根本的力量泉源

企業總體策略目標和發展方向的設定受其核心理念支配。企業核心理念是企業策略的前提和保證，並貫穿於策略實施的整個過程。企業核心理念投射到員工身上，成為員工的價值標準，這種價值標準則以潛意識的形式影響著每一個員工的行為，並在內部影響著生產經營過程的每一個環節和方面。它可謂「無所不在，無孔不入」。

在社會生活中，道德、倫理、宗教等意識形態的力量無時無刻不影響著人們。在企業經營中，優秀的經營哲學能激發全體員工的責任感、榮譽感、工作熱情和創新精神，由內至外地約束、引導和激勵著全體員工的行為乃至整個組織的行為。優秀的經營哲學就像一個能量場，其能量滲透到企業的目標、策略、策略、日常管理及一切組織活動中，反映到每個部門、每個職位、每個產品上，甚至影響到企業的外部，包括顧客和競爭對手，不斷發揮出更深遠的影響力。

二、以經營哲學創辦企業

經營哲學是一個企業特有的從事生產經營和管理活動的方法論和原則。它是指導企業行為的基礎。一個企業在激烈的市場競爭環境中，面臨著各種矛盾和多種選擇，需要一個科學的方法論來指導，有一套邏輯思維的方式來決定自己的行為。

稻盛和夫正是以經營哲學來創辦企業。稻盛和夫在經營京瓷的過程中，形成了獨特的經營哲學。他認為，辦企業和做人一樣，都應遵循一些倫理原則，如「敬天愛人」、「誠實公正」、「驕兵必敗，謙虛受教」等。他還提出了「思想＋熱情＋能力＝成功」的公式，認為一個人即使天賦不出色，依靠高度的熱情和正確的思考方式，同樣可以獲得成功。他因此說道：「我之所以取得了今天的成功，原因在於我的『哲學』。」有學者這樣評價稻盛和夫：他講述他的成功之路與人生觀，講許多與他的本業有關或無關的問題，看似表面淺顯，實則蘊含了深刻的哲學理念。

稻盛和夫將經營哲學與管理相結合，使其創辦的京都陶瓷株式會社和 KDDI 都進入世界 500 大，兩大事業皆以驚人的力道成長。

稻盛和夫主張，辦企業不能一味地只是賺錢，其最終目的是貢獻社會，既要利己，又要利人。他說，京瓷是一家上市公司，個人也有頗為豐厚的資產，但這筆財產並非私有之物，是取自社會之所得，理應奉還於社會。稻盛和夫還在各地演講，介紹自己的經營哲學，並資助有關機構培養經營人才。

第十二章　看不見的管理：經營哲學推動企業發展

三、經營哲學在企業管理中的作用

京瓷哲學是引導京瓷發展至今的經營的哲學，在京瓷的經營管理過程中發揮了重要的作用。在實踐哲學的過程中持續付出的努力會提升員工的心性、磨練員工的人格。共享了這種哲學的團隊就一定會充滿希望和夢想，能夠開闢無限光明的未來。

經營哲學在企業管理中的作用，主要體現在：

第一，導向功能。經營哲學的導向功能就是透過它對企業的領導者和職工發揮著價值引導作用，使企業全體成員在經營哲學和價值觀領域形成高度一致的思維和心智模式，形成完全一致的價值標準。企業員工就是在這一價值標準和觀念的牽引與驅動下從事生產經營活動的。

第二，提升功能。經營哲學是企業產生核心文化力的泉源，而企業的核心文化力恰恰是企業提升生產力、提升組織績效、提升企業核心競爭力的不竭泉源。經營哲學透過修訂組織成員的價值標準，改變組織成員的心理假定條件，影響組織成員的心智模式，使經營哲學成為提升企業核心競爭力的關鍵要素。

第三，凝聚功能。經營哲學以人為本，尊重人的感情，從而在企業中造成了一種團結友愛、相互信任的和睦氣氛，強化了團體意識，使企業職工之間形成強大的凝聚力和向心力。經營哲學的柔性特點，恰恰抵消了組織內部制度管理過於剛性的負面影響。同時，企業透過建立偉大的使命，使全體員工為強大而高尚的使命感所驅動，緊密圍繞著組織目標而奮鬥。

第四，激勵功能。組織成員受經營哲學或企業精神的激發與感染，將產生文化覺醒和行為自律，使自我的職業行為更加符合文化的引導、

行為的約束和使命感的召喚。經營哲學的激勵功能源於組織成員對文化的高度認同和行為自覺，屬於自律行為，它與績效激勵或制度激勵的他律行為有根本上的區別。

第五，穩定功能。經營哲學一經建立，它所具有的連續性、穩定性、永續性就在企業員工內心深處發揮作用，既可以大大減少管理衝突，又可以大大緩和勞資矛盾，降低企業核心員工的流失，也可以減少企業高層變動帶來的影響，對穩定員工隊伍有重要的作用。

第十二章　看不見的管理：經營哲學推動企業發展

第四節　經營哲學是企業發展的推動力

　　經營哲學的實現是核心哲學理念，融入企業發展策略規劃和策略目標的實現中；把與經營、管理有關的應用類的哲學理念融入企業的一切經營與管理活動、過程中；把客製化的獨特理念文化融入全員的工作、任務中；引導和推動企業的健康、良性發展，並讓企業的發展成果帶上本企業的文化烙印。概括起來就是經營哲學「內化於心，外化於行」的過程。

　　一切優秀的哲學理念最終均需要展現在促進企業生產經營發展和提升企業核心競爭力上，才具有文化的生命力。而經營哲學只有深深植根於企業內部，真正落實，才能茁壯成長並結出豐碩成果，發揮出經營哲學應有的巨大力量。

　　經營哲學落實的過程，實質上就是員工對哲學理念認知、認同、承諾並行為化的過程。員工一旦認同了企業的經營哲學，企業就具備了潛在的巨大凝聚力和向心力；一旦員工開始承諾並自主履行責任，經營哲學就逐漸轉化成為有效的組織所需要的執行力和戰鬥力。

　　經營哲學如何成為企業成功的推動力？我們從稻盛和夫的經營實踐中去尋找答案。

一、以利他之心為判斷基準：京瓷成功的「推動力」

　　稻盛和夫認為，用利他之心做出判斷，因為是站在「為了他人幸福」的立場，所以，能夠獲得周圍人的幫助，也能拓寬視野，因而就能做出正確的判斷。

第四節　經營哲學是企業發展的推動力

要想把工作做得更好，就不能只考慮自己，在做判斷時應該顧及周圍的人，滿懷為他人著想的「利他之心」。

稻盛和夫總結這個「利他」的哲學理念，緣於在京瓷初創時期發生的勞資糾紛，這讓稻盛和夫不得不痛定思痛，遂將京瓷的經營理念從「讓自己的技術發揚光大」改為「在追求全體員工物質和精神兩個方面幸福的同時，為人類社會的進步發展做出貢獻」。

「讓自己的技術發揚光大」這個理念歸根究柢是利己的；而「追求全體員工物質和精神兩個方面的幸福」和「為人類社會的進步發展做出貢獻」，指向的是造福員工和社會，而非股東和經營者，從本質上則是利他的。

由此，京瓷存在的目的和意義發生了根本性改變，從「利己」變成「利他」，這一經營理念成為京瓷一切經營行為的基礎。從稻盛和夫本人到京瓷全體員工，從個人行為到組織行為，乃至整個經營體系，全都服從於「利他」這一哲學理念。

以利他之心為判斷基準，成為一切商業活動的起點和終點，成為京瓷發展的推動力，把稻盛和夫和京瓷的全體員工從謀求個人私利私慾的桎梏中解放出來，深度調動並極大地釋放了個人和組織的「利他之心」，因而產生了巨大的能量。

在稻盛哲學的推動下，京瓷從一個缺乏資金、信用、業績的小街道工廠，逐步成長為一家世界 500 大企業。

二、將經營哲學理念的真諦運用到所有經營行動中

稻盛和夫在創辦和經營京瓷的過程中，領悟到了「利他自利」這一企業經營理念的真諦，並將其運用到了日後的所有經營行動當中。

第十二章　看不見的管理：經營哲學推動企業發展

　　稻盛和夫在 52 歲時創辦第二電電（KDDI），他在長達半年的時間裡，反反覆覆追問自己：是否動機至善，了無私心？在決定營運區域的談判過程中，他對競爭對手大幅度讓步。正因為他踐行了的「利他之心」這一核心理念，後來成功合併了另外兩家競爭對手，成立了日本第二大的電信公司。

　　稻盛和夫由此總結說：「在通訊領域，我沒有知識、沒有技術，一無所有。如果我在這個領域內揮動令旗，取得成功，就能證明利他哲學的威力。僅僅依靠哲學，真的能夠成就這麼巨大的事業嗎？設立 KDDI，用自己的後半生進行挑戰，就是為了證明這一點，證明哲學這個唯一的武器的力量。」

三、以稻盛哲學重建日本航空公司

　　2010 年，日本航空公司宣告破產，稻盛和夫臨危受命，著手拯救這家極度官僚化、積重難返的航空公司。

　　稻盛和夫當時已年近八旬，對航空業一無所知。但他秉持無私的利他精神，義無反顧，全心全意地投入重建工作中。僅用了一年，就幫助日航從嚴重虧損泥淖中掙脫出來，更創造了史上最高的利潤，並讓日航重新上市。

　　稻盛和夫說：「日本航空的重建，是我 54 年經營人生的集大成之作。」他總結過日航重建成功的五大原因：確立全新的經營理念；以利他哲學為基礎的意識改革；阿米巴經營的匯入；共有「為世人、為社會」的思想；領導人無私的姿態。

第四節　經營哲學是企業發展的推動力

　　稻盛和夫對利他哲學身體力行的實踐。他率先垂範、身先士卒，喚醒了日航全體員工，在整個企業層面實現了從「利己」到「利他」的巨大轉變，讓日航這家行將破產的企業，創造了企業經營史上的奇蹟。

第十二章　看不見的管理：經營哲學推動企業發展

第五節　經營哲學實踐的要義

稻盛哲學是稻盛和夫在經營企業的過程中，不斷地對工作以及人生進行自問自答總結出來的，稻盛哲學是透過實踐得出的人生哲學。稻盛哲學也在日本航空公司落地實踐，幫助日本航空公司成功轉型，證明了稻盛和夫所秉持的經營哲學這一思想體系可以普遍應用在現代商業社會中。

經營哲學落實不僅是脫離了企業管理實踐而喊幾句空洞的文化口號，更不是在經營哲學落地過程中「走過場」。經營哲學落地實踐需要各級管理者在企業日常經營和管理的具體實踐中始終以哲學理念為引領，自覺實踐，這是管理者應具備的文化自覺和文化信仰；在處理企業的內部衝突和外部競爭時，能時刻堅守經營哲學所倡導的價值標準，用文化來提升績效，改善管理。

經營哲學落實需要回答兩個問題：一是「落什麼」，即落地的內容，要弄清楚企業應該建構什麼樣的經營哲學理念體系，既能符合企業管理實際，又能有效支撐企業策略實施；二是「怎麼落」，即落地的方法和途徑，要想清楚經營哲學如何轉化為組織需要的關鍵行為。

有效的經營哲學落地實踐，概括起來主要包括如下要點。

一、高層領導者重視，主要領導人掛帥

經營哲學落地實踐，離不開企業高層領導者的高度重視和以身作則的示範帶頭作用。企業高層領導者在經營哲學體系形成的過程中有著至關重要的作用，高層領導的個人思想、領導風格偏好、個性特徵、領導

第五節　經營哲學實踐的要義

行為表率等均會直接影響員工對經營哲學理念的理解和認同，也會影響經營哲學的實踐、貫徹和執行效果。

一方面，如果企業高層領導者對經營哲學實踐做到以身作則、率先垂範的帶頭示範作用，則經營哲學實踐便會上行下效，很快推廣開來；另一方面，如果企業高層領導者認為經營理念只是讓下屬去實踐的，自己可以例外，嚴以律人、寬以待己，無視經營哲學實踐性的話，即便企業制定了再優秀的經營理念體系，其他管理者也很難發自內心地將經營哲學付諸實踐，很難貫徹到基層員工。所以經營哲學的落地實踐需要企業高層領導者的全程參與。

同時，企業領導要注意言傳身教。企業中高層主管的言傳身教應基於堅定的文化信仰，基於對經營哲學理念的堅決的實踐，不流於形式、不擺架子，努力用經營哲學引領和指導經營實踐活動，發揮出經營哲學對經營管理的巨大推動作用。

二、強化經營哲學宣貫，達到「內化於心」

經營哲學不是寫在紙上、掛在牆上的裝飾品，企業經營理念初步成形後，當務之急便是使其「內化於心」。所謂「內化於心」，是指經營哲學獲得員工的廣泛認同，有文化認同，才會在組織內培養出文化信仰，員工才會去主動實踐。而這個「內化於心」的效果，恰好需要經歷一個長期的、連續的、有效的經營哲學宣貫和企業文化傳播過程。

讓經營哲學內化於心，讓組織所倡導的優秀理念落地生根發芽。企業管理者應將經營哲學融入日常的組織管理和業務管理中，在創造績效的過程中，善於用文化解決管理難題。

第十二章　看不見的管理：經營哲學推動企業發展

經營哲學真正做到「內化於心」，便會在企業內部形成一種強大的、優秀的理念力量，組織的思維模式將會整體地發生轉變與提升，從而彰顯出經營哲學那巨大的牽引力量。

三、倡導行為文化規範，達到「外化於行」

經營哲學的實踐，就是要將經營哲學的優秀理念融入組織的行為規範，使行為與理念保持高度的一致，使經營哲學「外化於行」。企業「形象」靠行為來展示，靠行動來展現。「行」是「內化於心」的外在表現，是「固化於制」的直接效果。

四、使經營哲學轉化為企業發展的推動力

企業文化管理的最終目標不只是形成優秀的經營理念體系，而是運用科學的管理理念和手段，使經營哲學落實常態化、系統化和專業化，使經營哲學發揮最大效用。

企業唯有將經營理念落地納入系統化、常態化、職能化的管理，才能夠保障經營哲學真正被執行，加快經營哲學轉化為企業發展的推動力，從而實現以文化來提升管理，在管理提升中創新文化。

五、強調人才對企業經營哲學的認同

企業在招募人才的過程中，有些企業家往往相信「優秀的就是合適的」。在一切都順利得不可思議的時候，這當然適用，但總會有各種問題跳出來。還有一種方式是根據公司的文化，應徵最合適的人。

第五節　經營哲學實踐的要義

應徵符合並認同經營哲學的員工、招募到能融入經營哲學的員工是保證公司基業長青的最佳方式。它帶來了更高的員工留任率、更好的員工敬業度，並且與公司的連結也更為緊密。這就是所謂的「志同道合」！

每家公司都需要與其核心價值觀相契合的員工，這些原則界定了你是一傢什麼樣的公司，也影響著公司的日常商業決策。那些不能擁護公司經營哲學的員工反而會使之弱化，與企業創造自我價值、實現積極進取的核心文化漸行漸遠。無論是微軟、蘋果還是任何其他組織，每家公司的招募流程都應致力於篩選出最符合公司文化的員工。確保應徵的每一個人都是合適的，因為他們將是傳遞公司經營哲學的火炬手。

一個再有才能的人，倘若不認同公司的經營哲學，終究都將因為文化衝突給組織帶來與公司價值觀相背離的嚴重的負面影響，越有才能，負面影響將越巨大。

總而言之，企業的經營哲學，是被大家認可和接受的組織主流文化，是積極向上的，是優秀的，也是先進的哲學思想。在針對企業中不同對象和群體的特點，採取相應的標準要求和工作方法，把「虛」的哲學理念和價值象徵帶到實際層面，清楚地表明企業提倡什麼、摒棄什麼、支持什麼、反對什麼、獎勵什麼、懲戒什麼，並透過有效的措施和方法來保障，最終使哲學理念內化於心、外化於行、固化於制，形成企業全體員工普遍接受和共同奉行的思想觀念、價值體系、行為規範、制度體制。

評估經營哲學是否落地的唯一標準，是廣大員工是否在自覺實踐企業的哲學理念，並自主遵從企業的行為規範。

第十二章　看不見的管理：經營哲學推動企業發展

案例：松下幸之助獨特的經營哲學

松下幸之助是日本松下電器公司創始人，被人稱為「經營之神」，他領導松下公司從一家小工作室發展到著名跨國企業，「事業部」、「終身僱傭制」、「年功序列」等日本企業的管理制度都由他首創。

松下幸之助集 70 餘年經營經驗，總結出 30 條經營祕訣，並以簡潔明瞭的語言概括出來，這些祕訣都是經營者的福音和信條。松下幸之助的經營祕訣中，有三項是最突出的，即玻璃式經營法、水壩式經營法和自來水哲學。他的思想也被稱為「松下哲學」。

松下幸之助以一生的事業奮鬥經歷、優秀的經營管理才能以及世人矚目的業績，為自己贏得了無比輝煌的榮譽。

1. 玻璃式經營法

所謂「玻璃式經營法」，即要像玻璃那樣透明。

松下幸之助的公開性方針包括財務公開、經營方針公開、經營狀況公開，一切都和全體員工共同承當。中年的松下幸之助，對這種方針加以總結，命名為「玻璃式經營法」，它被視為松下電器公司的三大主要經營法則之一。

這種經營法則現在已提升到「經營哲學」的高度，而它卻起源於松下的創業之初。

松下電器公司成為股份公司以後，更是每年公開核算，不僅對內，也對外向廣大社會大眾公開。

「玻璃式經營法」更重要的內容，是經營目標和經營實際狀況的公開。關於經營目標，除了每年每月的目標之外，松下幸之助還公布過一

個長達 250 年的遠景規劃。

經營實況公開的要點,則是「報喜也報憂」,絕不掩蓋經營的實際狀況。好的時候,把喜訊帶給員工,請大家分享成功的歡樂;壞的時候,把問題擺上檯面,依靠大家的力量共渡難關。

「玻璃式經營法」的目的何在?松下幸之助說:「企業的經營者應該採取民主作風,不可以讓部下存有依賴上司的心理而盲目服從。」每個人都應以自主的精神,在負責的前提下獨立工作。所以,企業家更有義務讓公司職員了解經營上的所有實況,只有這樣,才能在同事之間激起一股蓬勃的朝氣,推動整個業務的發展。

2. 水壩式經營法

企業要改革,需要企業家具備相應的意識與思想。對於經營方法,松下幸之助創造性地提出了一種「水壩式經營法」。

水壩式經營法,也就是像水壩那樣具有攔阻和儲存河川的水,隨著季節或氣候的變化,經常保持必要的用水量的功能。一旦下大雨,未建水庫的河流就會引發洪水,產生災害;而持續日晒,河流就會乾涸,水量就會不足。所以,建水庫蓄水,使水量不受天氣和環境的左右,並始終保持穩定。經營方面也是一樣,景氣時更要為不景氣時做準備,應該保留一定的儲備力量。這就是松下幸之助提出的一種企業經營理念,即水壩式經營法。松下把上述建造水庫的道理,充分運用在企業經營上。水壩式經營的道理很簡單,無非就是把經營中的剛性變為彈性,預留出適應環境變化的餘地。

第十二章　看不見的管理：經營哲學推動企業發展

3. 自來水哲學

　　松下幸之助提出了自來水哲學：經營的最終目的不是利益，而只是將寄託在我們肩上的大眾的希望透過數字表現出來，完成我們對社會的義務。企業的責任是把大眾需要的東西，變得像自來水一樣便宜。

　　松下幸之助特別注意開發新產品，力求比原來的同類產品更實用、更方便，並且把生產的品質視為企業信譽的根本。他專門組織品質管理小組，認真地檢驗每一個產品的品質。很快地，松下電器就獲得了顧客的稱讚，不僅在日本國內深受歡迎，還打入了美國市場。

　　松下一直採用低額利潤的經營方式，與消費者共享低成本所獲得的利益。

　　松下幸之助的目標是謀求民眾的幸福，這也表現在他對公司員工的態度上。松下公司在物質方面給予員工優厚的待遇：在日本率先採取五天工作制，實行男女薪資平等制，工人到35歲就有一套自己的住宅，真正感到幸福。

　　在松下公司的經營史上，曾有幾次危機，但松下幸之助在困難中依然堅守信念，不忘為民眾服務的經營理念，使公司的凝聚力和抵禦困難的能力大大增強，所以每次都能化險為夷。

　　自來水哲學的管理意義其實很簡單：在為客戶提供物美價廉的產品和服務的同時，自己的公司也會得到長足的發展和豐厚的利潤回報。使顧客常受益，乃是企業獲益的最大泉源。

　　松下幸之助的成功，不僅在於他是賺錢的好手，是優秀的企業家，也在於他是一個真正的人、偉大的人。他的許多經營理念，實質上是基於他對人和人生的經驗。

本章小結

◎杜拉克與稻盛和夫的相同點：

1. 兩人都認為企業必須具有使命。杜拉克認為管理者具有三大使命：達成目的，使工作者有成就感，履行社會責任。富有成效的領導者，第一要務可能是重新定義公司的使命。稻盛和夫認為，具備使命感，並讓這種使命感為整個團隊所共有，是領導者首先必須具備的資質。只有具有了強烈的使命感，才有可能產生創造性的事業和創造性的企業。

2. 兩人都認可哲學對企業的推動作用。杜拉克為管理學的發展做出了重大貢獻，他清晰界定管理的使命和地位，提出一整套管理的哲學及藝術。稻盛和夫在經營京瓷的過程中，形成了獨特的經營哲學。他認為，辦企業和做人一樣，都應遵循一些倫理原則。

◎杜拉克與稻盛和夫的不同點：

兩者的哲學內容不同。

杜拉克的管理哲學建立在嚴格法制規則和清晰價值觀的生態環境基礎之上。相比稻盛和夫的經營理念，杜拉克的管理哲學更加重視管理規則、管理體系和管理制度的建立和完善。

稻盛哲學是稻盛和夫在經營企業的過程中，不斷地對工作以及人生進行自問自答總結出來的，稻盛哲學是透過實踐得出的人生哲學。

第十二章　看不見的管理：經營哲學推動企業發展

附錄 1　杜拉克的五項管理習慣

第一，善於利用有限的時間。

第二，注重貢獻和工作績效。

第三，善於發揮人之所長。

第四，集中精力於少數主要領域，建立有效的工作秩序。

第五，有效的決策。

附錄 1　杜拉克的五項管理習慣

附錄 2　杜拉克：創新機遇的七個來源

創新機遇來源一：意外事件

它包括意外的成功、意外的失敗、意外的外部事件。意外成功的意義在於，它將帶領我們走向何方。意外失敗往往是創新的徵兆，要認真對待。意外的外部事件意味著重大機遇的來臨。

創新機遇來源二：不協調的事件

所謂「不協調」指事物的狀態與人們假想的狀態之間的不一致、不合拍。有產業與經濟現狀之間的不協調；有產業現狀與設想之間的不協調；有產業付出與價值和客戶的期望之間的不協調。解決不協調的過程就是創新。

創新機遇來源三：程序需求

基於程序需求的創新，是一種系統上的創新，通常需要完善一個業已存在的程序，替換掉較為薄弱的環節，用新知識重新設計一個完整的程序，這就是創新。

創新機遇來源四：產業和市場結構變化

當某項產業成長速度明顯高於經濟或人口的增加速度，特別是當一段時間內這種成長翻了一倍時，可以預測結構將會發生重大變化。當產業結構變化，傳統定義市場的方式將變得過時，這就是創新者的機會。

創新機遇來源五：人口變化

人口變化包括人口數量、人口規模、年齡結構、人口組合、就業情況、受教育狀況以及收入情況，從這些變化中尋找創新機遇是極其重要的。

附錄2　杜拉克：創新機遇的七個來源

創新機遇來源六：認知的變化

如果要利用認知變化進行創新,需要特別關注時機。在認知確實發生變化的前提下,需要及早占領使用者心智,如果太晚,市場將拱手讓人。

創新機遇來源七：新知識

基於知識的創新,往往是不同知識的融合,且不局限於科學或技術知識。單個知識往往談不上創新,但將多種不同知識融合,可能創造出大的機遇。

附錄 3　稻盛和夫「經營十二條」

第一條　明確事業的目的與意義。

第二條　建立具體目標。

第三條　胸中懷有強烈願望。

第四條　付出不亞於任何人的努力。

第五條　追求銷售最大化，經費最小化。

第六條　定價即經營。

第七條　經營取決於堅強的意志。

第八條　燃燒的鬥魂。

第九條　拿出勇氣做事。

第十條　不斷從事創造性的工作。

第十一條　以關懷坦誠之心待人。

第十二條　抱著夢想和希望，以坦誠之心處世。

附錄3　稻盛和夫「經營十二條」

附錄 4　稻盛和夫「六項精進」

1. 付出不亞於任何人的努力。
2. 要謙虛，不要驕傲。
3. 要每天反省。
4. 活著，就要感謝。
5. 積善行、思利他。
6. 不要有感性的煩惱。

大師的較量，杜拉克與稻盛和夫的巔峰對話：

心法與效率相融合，從經營之聖的人本哲學到管理大師的卓越績效

作　　　者：朱明曉	**國家圖書館出版品預行編目資料**
發 行 人：黃振庭	
出　版　者：沐燁文化事業有限公司	大師的較量，杜拉克與稻盛和夫的巔峰對話：心法與效率相融合，從經營之聖的人本哲學到管理大師的卓越績效 / 朱明曉 著. -- 第一版. -- 臺北市：沐燁文化事業有限公司，2024.11
發　行　者：沐燁文化事業有限公司	
E - m a i l：sonbookservice@gmail.com	
粉 絲 頁：https://www.facebook.com/sonbookss/	面； 公分
網　　　址：https://sonbook.net/	POD 版
地　　　址：台北市中正區重慶南路一段61號8樓	ISBN 978-626-7557-74-7(平裝)
8F., No.61, Sec. 1, Chongqing S. Rd., Zhongzheng Dist., Taipei City 100, Taiwan	1.CST: 企業管理 2.CST: 企業經營 3.CST: 管理科學
電　　　話：(02)2370-3310	494　　113016620
傳　　　真：(02)2388-1990	

印　　　刷：京峯數位服務有限公司

律師顧問：廣華律師事務所 張珮琦律師

-版權聲明────

本書版權為中國經濟出版社所有授權崧博出版事業有限公司獨家發行電子書及繁體書繁體字版。若有其他相關權利及授權需求請與本公司聯繫。

未經書面許可，不可複製、發行。

定　　　價：420 元

發行日期：2024 年 11 月第一版

◎本書以 POD 印製

Design Assets from Freepik.com

電子書購買

爽讀 APP　　臉書